U0160552

私家小院

[第三部]

赵文涛 编

新微设计"大美系列"设计丛书

天津大学出版社
TIANJIN UNIVERSITY PRESS

图书在版编目(CIP)数据

私家小院. 第三部 / 赵文涛编. -- 天津 : 天津大学出版社,
2022.3
(新微设计"大美系列"设计丛书)
ISBN 978-7-5618-7142-3

Ⅰ. ①私… Ⅱ. ①赵… Ⅲ. ①庭院—园林设计 Ⅳ. ① TU986.2

中国版本图书馆 CIP 数据核字(2022)第 037615 号

出版发行　天津大学出版社
地　　址　天津市卫津路 92 号天津大学内(邮编:300072)
电　　话　发行部 022-27403647
网　　址　www.tjupress.com.cn
印　　刷　廊坊市翰源印刷有限公司
经　　销　全国各地新华书店
开　　本　210mm×285mm
印　　张　18
字　　数　183 千
版　　次　2022 年 3 月第 1 版
印　　次　2022 年 3 月第 1 次
定　　价　288.00 元

创造更美好的人居环境
Create a Better Environment

编委会

主　任
赵文涛

参编人员
刘亮亮
冯玉平
张盼盼

新微设计"大美系列"设计丛书

《禅居》
《中式院子》
《中式居住》
《大美小镇》
《乡村私宅》
《私家小院第一部》
《私家小院第二部》
《私家小院第三部》
《最美民宿第一部》
《最美民宿第二部》
《最美民宿第三部》

·未完待续·

CONTENTS

目录

[私家小院]

[第三部]

现代 | 自然 | 禅意 | 中式

CONTENTS

目录

[私家小院]

[第三部]

现代｜自然｜禅意｜中式

九间堂·明月万里送清辉

项目名称：九间堂·明月万里送清辉
项目地址：江苏省南京市
项目规模：1 000 平方米
设计公司：南京金石景观设计有限公司
摄　　影：河狸摄影

　　九，代表一种规制。九间堂在建造之初就有了不同于其他高端别墅项目的定位。九间堂的中式别墅风格不同于绿城桃花源的江南园林、泰禾院子系的皇家王府，而是从传统出发，尽显古典，在创新方面，也将现代中式别墅演绎得淋漓尽致。

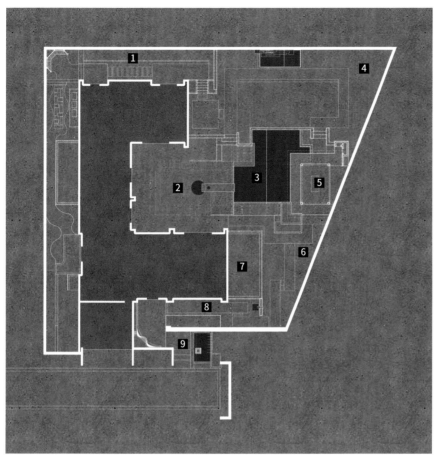

1 舒园
2 聚园
3 镜面水
4 休闲花园
5 观景廊架
6 秋实园
7 下沉庭院
8 禅意花园
9 入户花园

01/ 中心庭院
02/ 中心庭院俯视图
03/ 中心庭院夜景
04/ 会客厅外景
05/ 漏景
06/07/ 入口水景

[九间堂·明月万里送清辉平面图]

项目位于九间堂一期，临康厚街，虽未避市侩之嚣，但有陶渊明结庐在人境之趣。不同于样板庭院的林泉高致之师古手法，设计师用更契合建筑气质的现代手法结合当代崇尚的东方意境去塑造景观，从建筑、人与环境出发，去思考场地、建筑及现代人居的关系，最终营造出一种极具东方意境之美的景观，又不悖于现代人居生活所需求的庭院生活，两者和谐统一，相得益彰。

入口景观：以障景及漏景的手法塑造入口景观。

中心庭院：在建筑半围合的中心空间做下沉式处理，同时在中心轴线位置上设计了一个圆形镜面跌水水景，取团圆、和谐、圆满之意。这也是对业主新宅落成后未来生活的祝福和愿景。

纵观整个项目，整体景观设计采用了古典园林的游园空间结构，利用高差设计增加园林的竖向变化，拉长游园路线，设置节点景观来营造以小见大的空间感受，以常绿、开花、落叶乔木、灌木营造空间季相变化，达到四时之景不同、年年之景更胜的目的。造景运用了障景、漏景、框景等手法，同时也借用了日式园林风格中的元素，现代园林风格的元素与整体园林空间相融合，营造出一种具有东方园林意境的景观空间。

项目在平面构图中，大量运用了代表东方智慧的"方"与"圆"的几何平面构图，蕴含着东方文化的精神和独特的空间意识。中国文化讲求"天圆地方"，道家认为："天圆"指在心性上要圆融，才能通达；"地方"指在命事上要严谨。"天圆地方"是中国传统文化中阴阳学说的一种体现，不仅代表中国人人格取向的"外圆内方"，更有"天人之际，方圆之间"的中国人的生命观。同时，"方"在整个园林景观设计中亦是项目组对场地精神的理解和表达，而"圆"则是对园林主人美好生活的祝福——完美、和谐、圆满……

圆形跌水是室内会客厅对外的视觉焦点，鱼池中的水跌入下沉空间，下沉空间设置圆形镜面水池，四面环抱，藏风聚气。此处是水景，亦是桌椅。

01/ 中心庭院
02/ 对景茶室
03/04/ 中心庭院夜景
05/ 鱼池
06/07/08/ 圆形镜面跌水

对景茶室设于鱼池之上，亦和建筑形成对景关系，设计参考隈研吾的建筑风格，遵循茶道中的空寂风格建造。茶室自成一景，同时亦可向周围借景。

茶室窗户为双层结构，外层为金属边框玻璃移门，内层为传统柳条式格扇窗。屋面外层为氟碳涂层金属板，中层为木工板贴防水卷材，底层为聚氨酯保温板。顶面材料之间做空腔处理，起到隔热保温效果。

本来无一物，无一物中无尽藏——空寂茶室

空寂本意是佛的清净无垢的世界。草庵式（空寂茶道）茶道乃拂却尘芥，主客诚心相交，不言规矩和法式，惟生火、煮水、吃茶而已，别无他事。亦即佛心显露之所在也。只拘泥于礼法，则会堕入于凡俗……皆不可悟得茶道之真髓也。——南坊宗启《南坊录》。

淡泊、随缘、自然、豁达……禅的"化境"与茶的清幽空寂、自然、淡雅不谋而合；茶的淡泊也与禅的平常融为一体，构成了"茶禅一味"的境界。

庭院北部空间地势较高，视野开阔，冬季日照时间长，适合作为家庭活动空间，故以大面积的草坪为主，同时在西侧设计木平台休息区，可放置秋千或休闲桌椅供家人、朋友聚会休闲之用。

庭院自南往北，由入口小巷视线的"收"到中心庭院的豁然开朗，空间层层递进，往北而高。北院围墙设计月洞跌水景墙，围墙外有高大毛竹作为背景，景墙一侧植罗汉松，有松、竹、圆月、墙垣，明月共松风为伴，墙垣与竹影相依。

在庭院东北角，原有一株芭蕉长势很好，旁边为长辈房间，此处添置了一座草亭。江南梅雨季较长，彼时端一杯清茗坐于草亭，在江南烟雨中，听雨打芭蕉，品六朝古韵。

西院属于窄长形天地，设备与天井占据了大部分空间，对应建筑为餐厅，从功能上主要满足通行及氛围营造，因此采用日式园林风格造景。

01/02/ 对景茶室	08/ 月洞跌水景墙
03/ 鱼池	09/ 草亭
04/05/06/ 茶室内部空间	10/11/ 禅意小品
07/ 大草坪	12/ 旱溪

滨江郦城现代花园

项目名称：滨江郦城现代花园
项目地址：四川省成都市
项目规模：50平方米
设计单位：成都乐梵缔境园艺有限公司
主案团队：杜佩娜、危聪宁、王琪、刘瑜
摄　　影：梵境摄影

　　样板花园位于成都市天府新区，作为滨江地产重点推出的第四代住房的现代风格花园，这次设计独具匠心，旨在营造一个年轻人喜爱的花园。

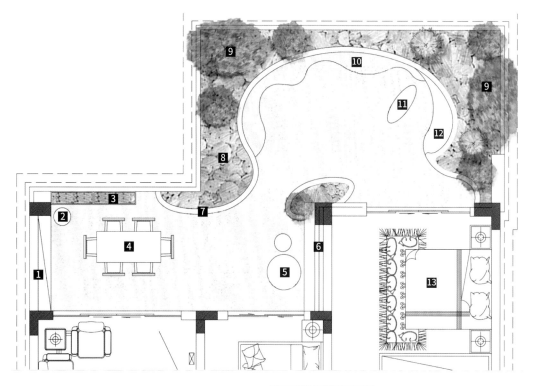

1　橱柜
2　小型移动烤炉
3　花箱加花艺组合
4　户外餐椅
5　沙发组合
6　植物墙
7　异型花池
8　花境
9　植物造景
10　草坪与点缀氛围的植物
11　茶几
12　花池坐凳
13　卧室

[滨江郦城现代花园平面图]

　　直至今天，住房已经经历了茅草房、砖瓦房、电梯房三代，如今第四代住房已出现，即庭院房，其主要特征包括每层每户都有公共院落、私家庭院，可种花、种菜、遛狗、养鸟等。

　　大阳台花园是当代建筑发展的趋势所向，让庭院不再只是别墅的专属，家家户户都能够享受到花园的惬意，让居住者不用出楼栋就能体验各种休闲运动，让孩子在建筑内部不必压抑奔跑跳跃的天性，让冷漠的邻里关系重新回归热烈，一切以人为本，返璞归真。

01/02/ 户外餐椅与异型花池

　　为了尽可能满足花园的观赏性和使用功能，并实现现代、时尚、简约、另类的设计感，设计师从曲线大师高迪所设计的米拉公寓和古埃尔公园（均为世界文化遗产）汲取灵感，纯粹的白色、圆滑的曲线成为创意花园的主旋律和基调。白色水磨石地面、花池和流动的曲线构造突出现代的花园风格。

　　花园分为两个功能区，分别为户外休憩区和观赏游玩区。

　　休憩区设计了带储物功能的壁柜，方便户外收纳。餐桌椅为花园就餐、户外下午茶或者各种活动提供了场所。桌边绣球盛开，花团锦簇，好不热闹。对景墙上一幅永生苔藓的画，将花园的绿色框入立面。

03/04/ 异型花池
05/06/ 户外餐椅与绣球花

观赏游玩区是创意花园的主要观景区。最有风格特色的是花池连凳的白色曲线造型和上下两层的设计。池壁延伸出一处凸出的坐凳搭配小型茶几，既能节约空间，又能突破传统的桌椅搭配方式。完整的地面被打破，设置了矮一层的种植区，低矮的地被植物慵懒地匍匐在路边，伸出好奇的小手探索这个花园世界。

造型植物的运用是花园的亮点。为了契合花园整体的现代风格，成都市场无法满足此处花园植物的设计需求，经过多重筛选，设计师远从浙江采购、专线运回这些被精心挑选出来的各类特色造型植物。多头女贞、塔状香松、川滇蜡树、棒棒糖等植物圆润曲线的造型增加了花园的特异性。在植物颜色上，设计师也选用清新雅致的色调，不过多使用浓墨重彩的花卉。一眼望去，植物高低错落，视觉层次丰富。

在氛围营造方面，猫头鹰、小精灵穿梭在花丛中，芦苇灯、风灯和花池射灯点亮花园，你可以舒服地躺在摇椅里，听耳边蛐蛐和蝈蝈的合唱。谁不想在这样雅致的花园里，泡上一壶锡兰红茶，配上细致甜腻的马卡龙糕点，欣赏着满园的生机，沉溺在《KINFOLK》的温度里！

01/ 异型花池
02/03/ 花池坐凳
04/05/ 植物造景
06/ 风灯
07/ 茶几与吊椅

浪花园

项目名称：浪花园
项目地点：广东省深圳市
项目规模：300平方米
设计单位：深圳小大景观设计有限公司
摄　　影：南西摄影

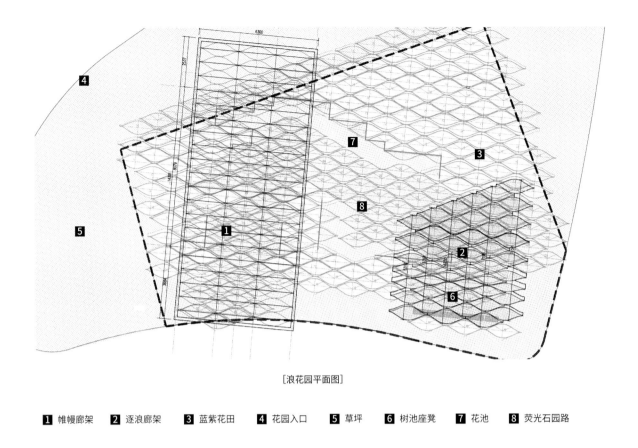

[浪花园平面图]

　　浪花园是一座可被回收再利用的临时展园，位于 2020 深圳箣杜鹃花展的宝安区展园区，占地 300 平方米。

01/ 浪花园鸟瞰

02/ 在"海浪"中玩耍的孩子们

03/ 渔网帷幔与逐浪廊架相得益彰

04/ 远看"海浪"

05/ 轻盈的渔网帷幔

毋庸置疑，花展的主角是各色优美的花卉植物，设计团队搭建了一个能充分展示主角魅力的波浪形舞台，所有的植物设计均围绕着"造浪"展开。

迷迭香
狐尾天门冬
金边虎尾兰
波露芦荟
八荒殿龙舌兰
"黄金斑马"矾根
"翡翠绿"狐尾龙舌兰
光棍树
广寒宫
金叶佛甲草
浆果多肉

冷色主打，暖色点缀，色彩缤纷的花境塑造了优美的滨海景色，各色绽放的时令花卉配以簕杜鹃，赋予花园海岸浪漫的气息；极具热带特色的宽叶天堂鸟，形成了郁郁葱葱的绿色背景，完美契合椰林风光，更为花园带来了一抹神秘感。波浪起伏的种植盒内的低矮花卉从白色、浅蓝色逐渐过渡到深蓝色，宛如不断翻涌的海浪。枝丫状、直立状、结有浆果且颜色多彩的多肉植物，搭配彩色叶草本植物，仿佛缤纷多彩的海底珊瑚礁群落。

除了海浪地形外，与地面模块肌理相同的"渔网帷幔"和"逐浪廊架"以不同的形式与参观者互动。渔网帷幔轻柔通透，游客可随着地形起伏与帷幔产生不同程度的接触，或轻撩触碰，或隔网观望。由"海浪"翻卷而起的逐浪廊架顶部延续了肌理化的种植方案，底部则以镜面映射着四周。不同的时间、不同的位置、不同的视角，这里呈现出不同的景致。

01/ 可触摸的渔网　　　　04/ 竖向错落的城市环境　　　　07/ 浪花园入口　　　　10/ 荧光石园路

02/ 种植盒座凳　　　　　05/ 缤纷的"海底"　　　　　　08/ "海浪"舞台

03/ 镜面　　　　　　　　06/ 映射环境的逐浪廊架　　　　09/ 帷幔下的"海浪"

模块安装：这里的地形堆坡和常规的绿化堆坡不一样，变化多且陡，需要对现场做出精准的判断，最后由人工再微调坡形。

"造浪"过程：为了让长2米的种植盒与地形贴合，在放置过程中，需要多次调整与校正，铝盒通过钢销固定到土里。

帷幔廊架：悬吊的构架与主骨架以非焊接的方式组装搭接，由渔网编织成的帷幔预先与悬吊构架固定。

植物种植：在种植"海底"植物的阶段，设计师也参与其中，体验种植的乐趣。

01/ "起伏"的海浪单元模块

02/ 翻涌的"海浪"

03/ "造浪"种植池

04/ 模块安装

05/ "造浪"过程

06/ "造浪"施工

07/ 帷幔廊架

08/ 植物种植

09/ "海底"植物种植阶段

10/ 逐浪廊架

11/ 点焊廊架

12/ 非焊接组装搭建

梦境园

项目名称：梦境园
项目地点：上海市
项目规模：80平方米
设计公司：上海东町景观设计工程有限公司
摄　　影：陈铭

　　"我研究每一种材质本身，从自我感知出发，到环境，再试图了解整体。大海的波浪，静动相宜，终回归大海，而海浪存在于无形，有风的怂恿，有水的灵动。而风，在，也不在。家如海一样，像一种情绪展现。那么，情绪是什么？归根到底，设计需要企及的是人的思想，是一种方式，是一种态度。"

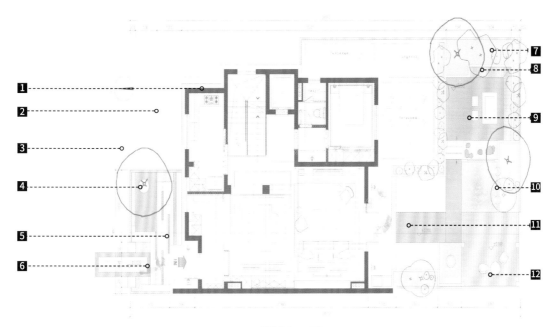

[梦境园平面图]

1 光影台阶 **3** 流水景墙 **5** 硬质铺装 **7** 植物造景 **9** 下沉空间 **11** 硬质园路

2 下沉平台 **4** 点景大树 **6** 花园入口 **8** 休闲卡座 **10** 流水水钵 **12** 木平台

01/ 夜幕中的木平台

02/03/06/ 木平台

04/ 下沉空间

05/ 锦鲤鱼池

01/ 下沉空间   04/05/06/ 休闲区一角

02/ 俯瞰庭院   08/ 休闲卡座

03/07/ 锦鲤鱼池   09/ 灯光效果下的鱼池

在城市生活久了的我们，想必都有这样一个梦想，希望每天回到家，能够有一个静心和放松的室外场所，以此满足那份对生活的期待。

可玩、可看、可食、可赏……也许这就是这个小小现代风格庭院的魅力所在，每一步的前行都是对生活的最美慰藉。

10/ 植物造景

11/ 灯光效果下的休闲区

12/13/ 休闲卡座

14/ 流水水钵

　　为了做好客厅外部的景观，设计师在客厅对应景墙上做了灯光处理，来增强客厅外的景观效果，到夜幕降临的时候，暖暖的灯光成了主色调，以简洁的造型、完美的细节营造出时尚前卫的感觉。

01/02/03/ 夜晚灯光下的休闲区

　　主要活动空间与客厅形成呼应，这样可以增加室内外空间的互动性。花园有一个采光井，为了规避采光井玻璃反射对花园的影响，设计师设计了一个下沉空间来解决这个问题，这同时也增加了花园的层次感和趣味性。

　　伴随着人们生活方式的改变，花园夜间使用的频次增多，随着日暮夕斜，光线开始变得柔和起来，恰到好处的灯光"淡妆浓抹总相宜"，花园开始变得如梦如幻。

04/ 通往休闲区的硬质步道

05/ 景墙

06/ 夜色迷人的庭院

01

玉兔园

项目名称：玉兔园
项目地点：上海市
项目规模：60平方米
设计公司：上海东町景观设计工程有限公司
摄　　影：丁咚

　　搭建一个花园的同时也是创造一种新的生活方式，在忙碌的城市生活中，寻求一个自然又安静的庇护空间，可以让自己静下来、慢下来。

01/ 植物造景

02

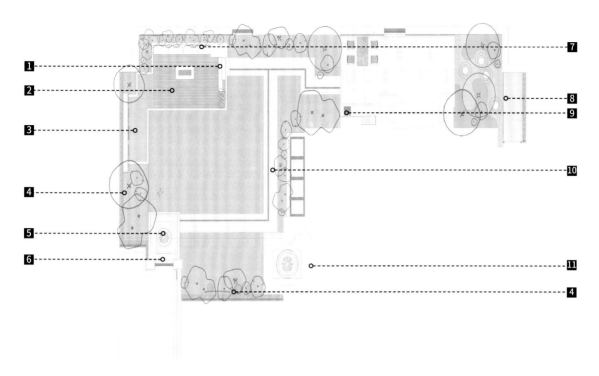

[玉兔园平面图]

| 1 | 光影台阶 | 3 | 流水景墙 | 5 | 入口拼花 | 7 | 休闲卡座 | 9 | 操作台 | 11 | 出户平台 |
| 2 | 下沉平台 | 4 | 植物造景 | 6 | 花园入口 | 8 | 设备间 | 10 | 硬质园路 | | |

02/03/04/05/06/ 休闲卡座

每个庭院空间都会设计主要的休闲区，这个休闲区里设计了一个休闲廊架，增加了整个庭院的层次感。花园里还有延伸到花园各个角落的小路，如果光着小脚丫在上面走，如同在做足部按摩，舒适又惬意。

整个花园呈现现代风格，石材、木材和钢架结构都采用暖灰色系，使得空间沉静下来。水景墙和砂砾区域变成花园的焦点，增添趣味的同时使得花园更加具有个性和特点。

01/ 花园小路
02/03/04/05/ 休闲卡座

阳光下的美丽花园到了夜晚，别具一番风味，照亮庭院草皮和树木的灯光亮度温和适中，过亮则会显得刺眼。在自然环境中观赏被灯光照亮的植物，眼睛的睫状肌会获得放松，给人一种舒适、温馨的感觉。每一个庭院或多或少都会设计一处水系，灯光和水的流动结合起来会让整个空间变得生动有趣。

01/02/ 流水景墙

03/ 光影台阶

04/ 景观座椅

05/06/07/ 光影下的花园小径

08/ 植物造景

09/11/ 夜幕中的休闲卡座

10/ 景观墙与操作台

12/ 氛围夜灯

13/ 光影斑驳的黄色小菊花

14/ 景观墙

框井 Frame Office

项目名称：框井 Frame Office
项目地点：广东省佛山市
项目规模：1 600平方米
设计单位：佛山市至岸园林景观工程有限公司
摄　　影：许树杰

　　框井 Frame Office 的设计主要分为"天井空间"和"露台"两个区域。在业主对现代审美有高度接受能力的基础上，设计师在此项目上做了个新的突破，尝试对景观中的高级感做进一步诠释。

　　天井空间采用递进式的手法呈现出三种不同感观意境的天井景观，露台部分则用极简的手法表现出纯粹的现代主义风格。

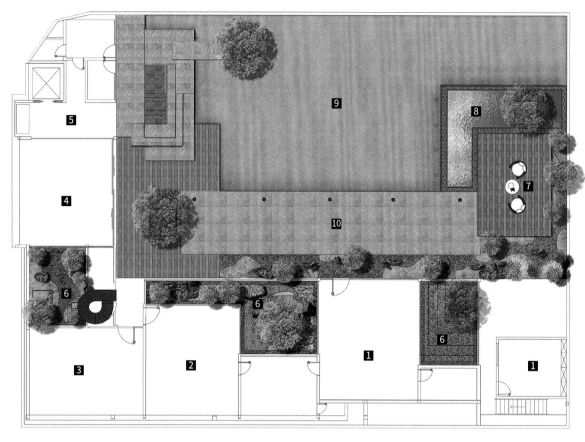

1　办公室
2　健身房
3　观影院
4　会议室
5　茶室
6　天井
7　露台
8　水景
9　阳光草坪
10　观景长廊

[框井 Frame Office 平面图]

[框井 Frame Office 剖面图]

[天井剖面图]

原生杂木　匠心本朴

　　自然生成的杂木林景色四季迥异，体现的是"林"的大美，而将杂木引入大尺度的景观时，往往精选合适的树木尺度，通过不同形态枝叶的搭配来打造此天井景观。取材于杂木林，是设计师对自然美的提炼和艺术化再现。每一株精心挑选的杂木都具备纤细、自然的弯曲风格，生命力强，富有四季变化的特征。高低错落的方形灯框嵌入纤柔的细叶植物中，空间层次感更加强烈。到了夜晚，从灯框处洒落的灯光将植物枝干映射到墙上，形成了树影婆娑的惬意美景。

01/02/03/04/05/ 天井
06/ 会议室

高山流水　师法自然

　　此天井采用清雅脱俗的金镶玉竹点植出野生竹林的既视感，配上纯手工打造的波纹石柱更显精致，形成清爽通透的狭长井道，阳光从上往下洒落在幽曲的旱溪小路上，营造出一种"曲径通幽"的禅境美感。

　　"高山流水，相知可贵。"水从镜面不锈钢装置水道缓缓流下，柱面影射周围环境，加上潺潺水声，把实化虚，不禁令人深思，水从何来？设计师用一股巧劲的做法，将天井各种元素融为一体，将现代艺术装置藏进茂林修竹，相互映射，刚柔并济的景象增强冲突感，使得现代建筑主体与自然野趣巧妙融合。

红枫从苔藓地面直上井端，从上层经过此处感觉建筑主体就像一个花器，红枫正在其中茁壮生长，柔和了建筑形态的棱角。红枫鲜红的树叶与黑色幕墙形成鲜明的视觉冲突。春之新芽嫩叶，夏之深绿，秋之红叶，给天井空间带来山野情趣，人在办公环境里得以体验四季的变迁。高山流水去，红情绿意留。

01/ "高山流水" 装置
02/03/04/05/ 波纹石柱
06/ 夜景中的红枫

独树一帜 审美留白

此景的整体表现更为贴近现代审美，主景树挑选枝干具有力量感的双杆嘉宝果，使用棱角层级递进的方法增加层次感，线条让整个空间在视觉上有了延伸，汇聚到主景树位的焦点上。其他处则铺砾石做留白处理，留白而非空白，是"线条美"的艺术体现，弱化高级感，体现从"壕气"到"低奢"的转变。"低"即代表"隐"，是与外显相反的一种悄声回归。

三处天井景观在不同的细节处理上由野性自然逐渐向现代化过渡，每一处都与自然相交融，浓郁的自然景观赋予了整座建筑茂盛的生命力。造园审美的判定逻辑已经越来越不需要"章法""制度""形式"的强支撑，本项目散发自然环境中植物自由生长的调性，同时内敛精致，从而达到造景的更高层次。

建筑以极简的形体统筹复杂的建筑功能，围绕立体露台呈合院展开，空间使用不同材质表现黑白灰主调，表现纯粹的现代主义风格，依附其中的观景长廊组织动线，起承转合，主人站在上方，尽享广袤的视野。

景观设计不断做减法，聚零为整，设计重点体现在恰当的比例和材料之美上。设计师的最终目的是希望主景树自然地成为空间主角，所有的元素都围绕着它们来做适当的调配。景致有机地组织在一个充满张力的中心空间周围，斜飘罗汉松自带一股苍穹豪迈的气势，伸向长廊，有迎客之意，向前伸展的身姿引导着整个空间的走向与层次。山水岩贴面石基与黑色不锈钢花池托附起难得一遇的百年紫檀，形态张力十足，单独成角，成就一幅美画。

引水入台，傍水而息，水天自成一色，镜面水景散落于自然黑山石中，灵动的流水泛起涟漪，带动整个环境的生气。小叶赤楠在浩浩长空下面朝远方，舒展其优雅的姿态，杂木、砾石的结合尽显闲适禅意。暮色黄昏，晚霞装饰了天空，倒影在水波上推移荡漾，在一旁休憩的来客，观奇树、赏碧波、看日落，美轮美奂的景色直达感官。自然取材与现代材料的碰撞，在此也可以如此纯粹和默契。

01/ 紫檀   05/ 景观长廊

02/03/ 双杆嘉宝果与砾石   06/ 镜面水景与露台

04/ 露台边的景观植物   07/ 黄杨

万科·天府公园城样板花园

项目名称：万科·天府公园城样板花园
项目地点：成都市天府新区
项目规模：140平方米
设计公司：成都致澜景观设计有限公司
摄　　影：重庆雪尔摄影

　　设计是探寻客户内在诉求，而不是简单的炫技。在业主见到院子那刻，就知道这就是内心的诉求。院落花园的设计方案应该跳出设计师固定的思维，深挖客户白描的潜在诉求，竭力还原客户的内在诉求。花园是一家人的共享生活空间，在繁忙的当下可增进家人关系。为一家人的共享活动充分考虑，每个空间均为共用型空间。一家人在园子里交流、行动，可使用的面积也随之增加。

　　从选苗、种植到后期养护，每一个细致入微的步骤，都将"打动力"和"可实施力"列为重点，摒弃看似高大上的行为和"橱窗"行为，摒弃昂贵石材、浮夸装饰和复杂工艺等，每个塑造的场景都可以被搬回未来的家。

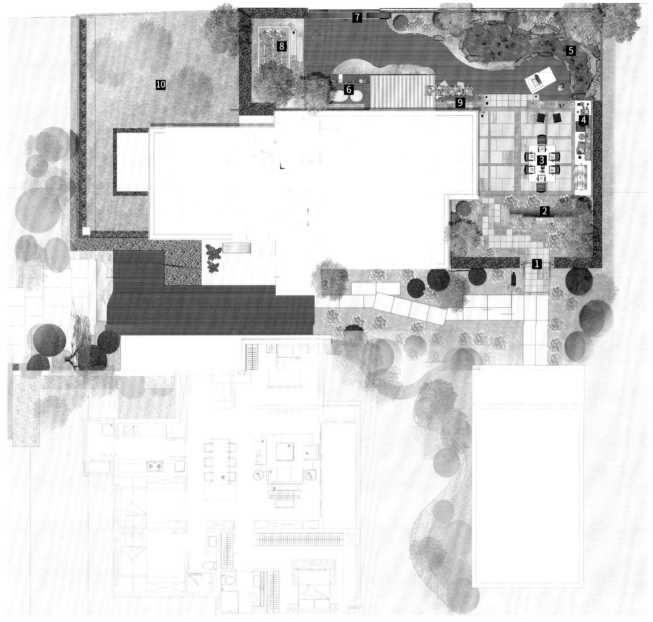

［万科·天府公园城样板花园平面图］

1 花园入口　**2** 入口景墙　**3** 户外桌椅　**4** 操作台　**5** 荷花池　**6** 户外茶室　**7** 儿童游戏墙　**8** 秋千　**9** 迷你菜园　**10** 大草坪

01/ 俯瞰荷花池

02/ 景观石

03/ 花园入口

04/ 牛奶箱

忙碌的生活节奏在这放慢，有亲朋相伴，不觉时光溜走，内外的美食生活少不了这份烟火气。

不论闲雅富足，不论山林闹市，为小锦鲤筑一池，便是亲近自然的那一份独特的踏实与安宁，在方寸之间知万物有趣的天性。

01/04/ 景观石   05/ 罗汉松与迷你菜园

02/ 喷泉   06/ 俯瞰荷花池

03/ 景墙上的小水景   07/ 茶具

　　延伸的林荫栈道是熟悉的归家之路，院前具有野趣的花境，刻画记忆的院门和牛奶箱，以及院子里潺潺的水声，都是"家"的感觉。

08/ 入口景墙
09/ 花园入口
10/ 景观雕塑
11/ 通往入户的道路
12/14/ 入户门
13/15/ 牛奶箱

院子里的植物长在墙上，孩童的梦想与欢乐也在墙上成长，小小院落，自然点滴融入生命的每一个刻度里。慢煮光阴，榻榻米染上了一席茶香，把生活中的繁杂事务过滤，感受日子里的闲适与从容，看得见一望无际的天空。

在奶奶的小花园里可赏四季花事，那些并不名贵的花花草草倒也争气，纷纷在园子里找个角落装点秋色，令你在草木之间，得千般自然的真趣。

01/02/ 儿童游戏墙、秋千、户外茶室　　07/ 秋千

03/06/ 儿童游戏墙　　08/ 花园俯瞰

04/05/ 户外茶室　　09/ 爷爷在荷花池边喂鱼

鹤鸣园

项目名称：鹤鸣园
项目地点：上海市
项目规模：70平方米
设计单位：上海东町景观设计工程有限公司
摄　　影：yuuuunstudio

禅意景观重视诗情画意，是有意境的造景方式。景观空间的设计主要体现"候月、听雨、望云、倚竹、赏花"的优雅，风韵庭院的自然景物也常被赋予人格美、品德美和精神美。

所有设计都源于生活、回归原始、为生活服务，并追求艺术与技术的完美结合，每一次的花园设计都是一种成长与积攒，设计团队始终致力于高品质花园设计，与花园一起成长的时光都是值得被铭记的。

1 花园入口
2 点景大树
3 砾石旱景
4 植物造景
5 下沉休闲区
6 操作台
7 出户平台
8 下沉台阶

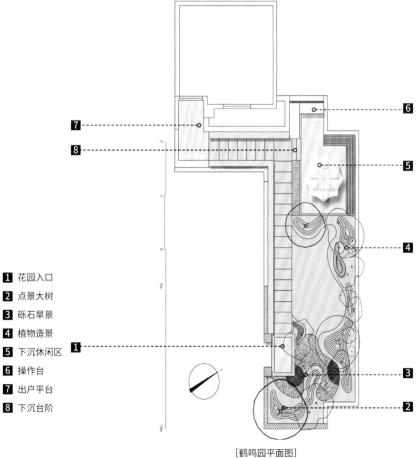

[鹤鸣园平面图]

01/ 下沉休闲区
02/ 庭院入口空间

当打开庭院门之后，可以看到一颗非常有气质的罗汉松。松给人高冷的感觉，为了映衬松的设计，地面上设计了一些枯山水的涟漪。

水景的设计希望增加庭院的趣味性，花园并不大，设计师希望通过少数的水景来增加花园的灵性。

01/03/05/08/ 入口空间

02/ 砾石旱景

04/06/07/ 竹子景墙

到了晚上，暖暖的灯光成了主色调，灯光设计永远是庭院当中不可缺少的景观元素。由于灯光的加入，大家更期待夜晚的来临，不管是功能活动区，还是植物景观区，都需要景观灯的辅助。道路的照明引导灯光也不可缺少，照明的第一原则是一定要给人们带来舒适的感觉，所以在庭院空间中，在不同层次的空间，都需要不同的照明。

01/ 庭院中的罗汉松
02/ 植物造景
03/05/ 下沉休闲区夜景
04/ 入口空间夜景

这是花园整个空间里唯一的休闲区，这个休闲区被做了下沉处理，希望它能够更好地融入整个庭院花园中。竹的修饰、木梁柱的结构、实木家具出现在空间中，自然能让人感觉到禅意，这是用材质创造的禅意氛围。禅即自然，从自然中领悟禅的智慧，自然是禅最好的表达方式。

柔和的色彩搭配体现出的和谐是禅意设计中的基础。色彩在视觉上保持连续性，落差不宜过大，注重自然过渡的效果。这里没有复杂的细节，更没有花花绿绿的装饰，取材天然，更能让人感觉到放松和温暖。

　　远离浮华，超然脱俗，仰望星空，露营打坐，使生活回归自然，使人感受到一种静谧、平和、舒缓、慢节奏。极致禅意之居体现美的力量，使你到了这个曲径通幽的空间里不需要人提醒，就会想安静下来，闲煮时光，烹茗煮酒，好生惬意。

01/02/ 庭院台阶细节

03/ 庭院小景

04/05/ 水池

06/ 休闲座椅

07/ 砂砾铺装细部

01

馨园

项目名称：馨园
项目地点：上海市
项目规模：700平方米
设计单位：上海东町景观设计工程有限公司
摄　　影：陈铭

　　这个花园的业主居住在湖畔佳苑。湖畔佳苑坐落于成熟高档的资深别墅圈内——沪青平公路别墅圈。别墅沿袭了西方建筑的简洁与东方建筑的神韵，在极为内敛的表现中尽情展露独有的高雅意境。别墅男女主人骨子里透露出的浪漫情怀，令设计师对"家庭与花园"有了更深刻的认识和更浓厚的情愫，经过观察与交流，设计师最终为业主确定了一套浪漫甜蜜的简约美式风格的花园设计方案。

01/ 耐候钢景墙夜景

02/03/ 圆形汀步

04/ 庭院一角

02

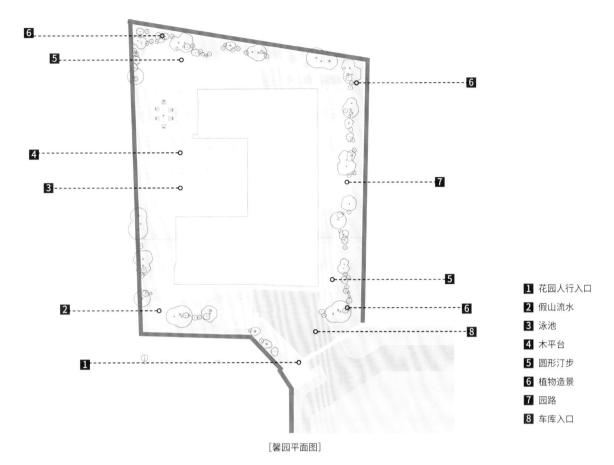

1 花园人行入口

2 假山流水

3 泳池

4 木平台

5 圆形汀步

6 植物造景

7 园路

8 车库入口

改造前

　　入口处的大盆栽缺乏美观，地面的垃圾很难清理。原有的房屋建筑把花园分成了狭小细长的两部分。面对这些问题，设计师另辟蹊径，将所有问题巧妙化解。

改造后

　　设计师对简约美式风格的理解是自由活泼，现状的自然景观会是其景观设计表达的一部分，为体现自然热烈且充满活力的意境，于是会有溪流、草地、灌木等元素加入花园景观。

01/ 后花园

02/ 碎石与汀步

03/ 庭院一角

04/05/ 泳池区域

06/07/ 泳池休闲平台

花园总面积有 700 多平方米，分为两个区域，一个是休闲区，一个是景观区，其余的部分都是步道。休闲区里有一个私人泳池和一个特别大的休闲平台。主人通过落地窗，刚好可以看到整个后花园的景观区。

　　花园还有两个较大的空间：一个是泳池区域，一个是后花园区域。泳池区域有一个很大的休闲平台，大气简约，可供日常活动使用。后花园清新秀气，很适合小型闺蜜茶话会。

01/03/04/ 草坪汀步夜景

02/ 落地窗前的小水景

05/06/ 耐候钢景墙夜景

往前走，就看到汀步搭配青青草坪，在镜头下显得异常可爱。石头堆砌出的假山水景上支上蓝色小桥，独特又美观。细小的砂砾与圆形的硬质石板搭配，周围配置植物与置石，营造出自然山水的效果。

落地窗边的水池是紧贴着墙面的，这个水池设计是一大亮点。白色建筑搭配蓝色泳池，清爽大气。与之搭配的天蓝色爬藤架提升了整个空间的格调。

小路这头是一个灰色小木门，另一边采用树叶图案的铁艺围栏，配上红枫，体现了浓浓的清新美式风格。

01/02/03/ 石头假山和蓝色小桥
04/05/06/ 庭院夜景

　　水景延伸到了窗外，采用了模拟溪流的做法，显得更加亲切自然，使人从窗内也能欣赏到美景。花园的边边角角用了小花砖，它们与紫色花儿的结合让空间色彩更加协调，泳池旁还摆放了可供休息的防水座椅。

云上花园

项目名称：云上花园
项目地点：上海市
项目规模：230平方米
设计单位：上海东町景观设计工程有限公司
摄　　影：陈铭

设计理念

　　设计师在这个案例中运用了大量的灰色和绿色。灰色为硬装部分，包括篱笆、水景、家具、地面。绿色是植物部分，包括绿树、草地、各种植物搭配。花园颜色简单干净，线条明亮简洁。

　　花园大空间运用大面积的色块，令人感觉更加舒适。一切设计均应源于生活，回归本真，服务生活，追求艺术与技术的完美结合。

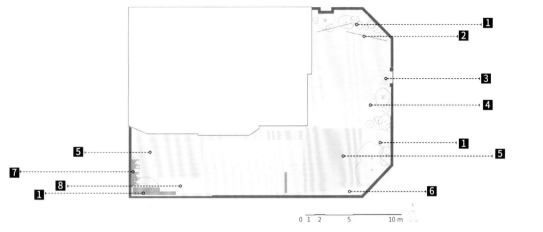

[云上花园平面图]

1 植物造景

2 耐候钢景墙

3 花园入口

4 园路

5 木平台

6 操作台

7 趣味绿化

8 流水景墙

01/ 户外休闲家具

02/03/ 梯形汀步

04/ 户外休闲区

西南区域

西南区域阳光充足，设计将休闲平台结合操作台等放置于此，并在其旁边设置特色小品以及大面积的种植区，在实现功能性的同时增加景观性。移动的家具组合让空间更加多变。这里没有固定的廊架，大面积的草地和大面积的铺装让活动空间非常大。

西北区域

西北区域紧临建筑的出户位置，在出户平台设置水景从而达到使人们亲水的目的，两个平台通过汀步相接，使花园显得更加具有整体感。水景的色彩也是统一的灰色，运用石材不同的纹理，创造出不同的组合变化。

进入花园

进入花园首先可以看到开阔的草坪空间，给人大气清爽的感觉，沿边的植物富有层次，修剪得体，相互配合，牵引着人的视线不断跳跃，从室内看过去也是满眼绿意，生动且优美。

庭院中央

梯形汀步连接两个平台区域，简约的几何造型凸显了美式时尚的气息。通过汀步的指引，我们可以走到户外餐厅、户外壁炉、户外水景灯休闲区域。美好的花园生活就是从这里开始的。

水景

从卧室的窗向外望去，可以看到流动的水景，使人足不出户也能享受度假的惬意。阳光的映射与哗哗的水声是独属于大自然的元素，仿佛净化了都市中的车鸣，让人置身其中感受到生活的美好、自然的奇妙。这是幸福、是满足。

01/ 从木平台看水景

02/ 梯形汀步与户外休闲家具

03/04/05/06/ 水景的各个角度

71

花园的设计处处都很用心，从设计到完工，设计团队都非常注重细节的处理和角落的修饰，每一盏灯、每一处装饰都做得恰到好处，物尽其用，最大化凸显空间美。

01/02/03/04/08/ 汀步小径夜景

05/06/ 木格栅景墙

07/ 水景夜景

09/ 木平台夜景

简境之礼

项目名称：简境之礼
项目地点：山东省济南市
项目规模：420平方米
设计单位：苏州师造建筑园林设计有限公司
施工监理单位：苏州枫品景观工程有限公司
摄　　影：古宏伟

　　我们常常在思考一个问题，"什么才是中国人的花园？"这个花园位于孔孟礼仪的山东济南，我们思考这个园一定是从骨子里带有山东性格，豪放中带着礼仪的含蓄。

　　"世之笃论：谓山水有可行者，有可望者，有可游者，有可居者，画凡至此，皆入妙品。但可行、可望，不如可游、可居之为得。"由此可见，既能畅游、又能安居才是好去处。

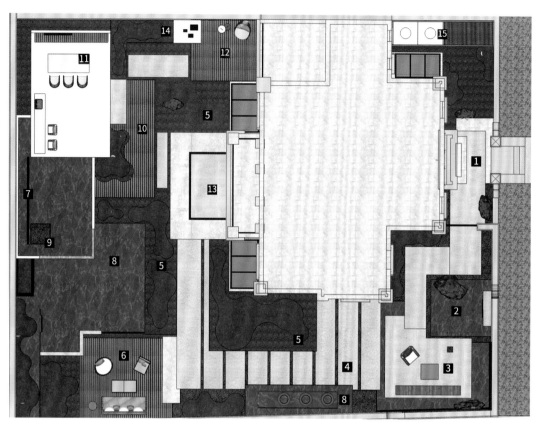

[简境之礼平面图]

1 北院出户门厅
2 镜面水池
3 亲水平台
4 步道平台
5 绿植
6 下沉平台
7 创意玻璃幕墙
8 跌水水池
9 水中树池
10 防腐木活动平台
11 创意平台
12 防腐木露台
13 南院出户门厅
14 DIY花坛
15 设备房

竖向空间的营造可以给空间创造活力，亭榭位于空间地势的高处，品茗之间，得悠远境地，不用添加太多的设计符号。

01/ 鸟瞰图
02/ 步道平台
03/ 入户门
04/ 跌水水池
05/ 下沉平台

01

　　"披上醉红花欲语，泉边沁绿茗初培。"空间以静物的形态烘托山水自然的生命感和包容性。花园客厅和室内不同，不仅要尽可能放大空间的视觉延伸感，也要寻求冬暖夏凉。同时，人必须是空间的观察者，也是空间的被关注者，不经意的花鸟鱼虫都是生活的参与者和惊喜。

01/03/04/ 遥看亲水平台

02/ 桌椅特写

05/ 俯瞰亲水平台

花园门厅位于建筑的东北方位，主人晨行暮归，友人话别家常，这里都是必经之地。设计尝试利用晨暮光影去表达仪式形态，清泉水声和薄镜树影便是第一感，在严谨中带着温和礼遇。时光、自然、工艺、文化滋养生长的空间，将朝暮、山水、细腻、礼仪藏于空间基因中，这样生长出来的庭园也一定和园主的生活是互生的。

01/ 俯瞰跌水水池	07/11/ 跌水水池夜景
02/03/04/ 亲水平台特写	08/ 亲水平台夜景
05/ 水中树池与跌水	09/ 步道平台夜景
06/ 铺装细节	10/12/ 汀步灯光效果

简境之隐

项目名称：简境之隐
项目地点：江苏省宜兴市
项目规模：100平方米
设计单位：苏州师造建筑园林设计有限公司
施工监理单位：苏州枫品景观工程有限公司
摄　　影：朱高峰

寻坡道问路，拾级而上，花园位于两栋建筑之间，车库顶板至门厅高差不足 40 厘米，同时亦要兼顾屋顶排水。而这不足 100 平方米的花园空间所需解决的，不仅是楼宇近距的尴尬，更是业主对园居的情怀与向往。

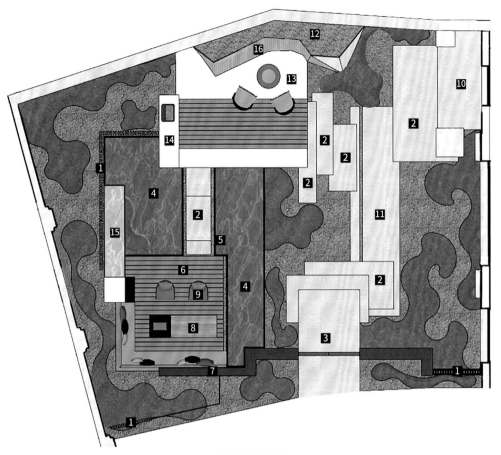

1 皇家卡奇木纹格栅
2 踏步铺装
3 入院铺装
4 水池
5 创意立柱
6 防腐木平台
7 异型屏风
8 茶几
9 坐凳
10 出入户铺装
11 条形园路
12 异型花坛
13 休息平台
14 操作台
15 流水池
16 异型坐凳

[简境之隐平面图]

都说小花园是最难设计好的，其实难度最大的是了解业主对于生活的态度。"山令人古，水令人远。一峰则太华千寻，一勺则江湖万里。"

建筑的南立面是院门和建筑门厅，窗前既要维持门厅空间的主题性，也要让交通形成景致。

所谓"功能景观性"是以"山水"造景来表达都市园居人的内心向往，在满足花园各个功能的前提下，营造出一种山水映带左右、仿若"人在画中游"的景象。

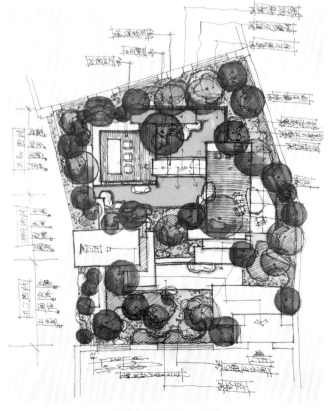

[简境之隐手绘彩色平面图]

缘溪行，驻足"清泉石上流"，则见船舫静处。我们以"花园客厅"之抬升，衬托"花园餐厅"之沉着。

01/ 庭院一角
02/ 景观石与踏步铺装
03/ 休息平台

01/03/ 大面积的踏步铺装

02/ 景观石与绿植

"此地有崇山峻岭，密林修竹，激流湍急，映带左右。"借邻宅北墙之阴凉，"花园餐厅"之秘境营造使空间显得更加幽静灵动。空间整体从门厅的主题仪式感到花园客厅的开阔延展感，再到花园餐厅的幽静灵动感，以"起承转合，步移景异"的节奏一气呵成，将场景还原成生活的功能本质。

同时，设计对空间源点的思考起于温度、湿度、光影、气流、水声等元素，再通过无形去创造有形的空间舒适体验。"以生源功能之简，用自然无形之境，成都市园居之隐"，可谓之"简境之隐"。

04/ 水池与休息平台

05/07/08/ 水池特写

06/ 防腐木平台

09/10/11/ 从防腐木平台看向休息平台

01

拾光之幻

项目名称：拾光之幻
项目地点：浙江省义乌市
项目规模：320平方米
设计单位：苏州师造建筑园林设计有限公司
施工监理单位：苏州枫品景观工程有限公司
摄　　影：朱高峰

02

每一个家都会对生活有一种畅想，每一栋建筑都是家的港湾。

"仁者乐山，智者乐水。"山水园居一直是中国人抹不去的生活情怀。

建筑体量的厚重感在高密度的住宅群和稀少的花园延展空间中显得更加凝重。设计尝试以秘林之趣去柔化建筑，从而创造一种山水幻境。

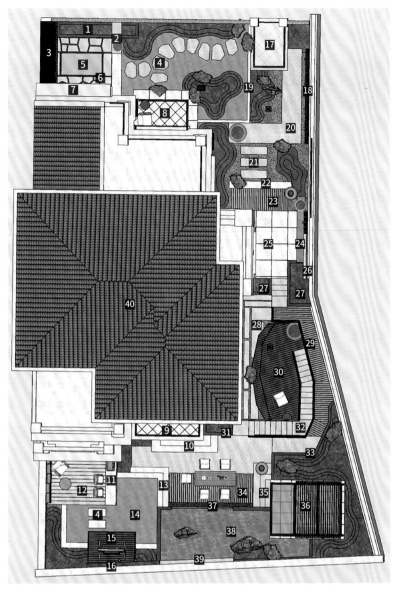

1 北院花池	**21** 石板条石汀步
2 石板置景台	**22** 石板过渡铺装
3 设备箱	**23** 防腐木过渡平台
4 石板汀步	**24** 休闲坐凳
5 采光井	**25** 东院入户平台
6 冰裂纹石板铺装	**26** 拼接景墙
7 北院吧台	**27** 东院花坛
8 北院入户平台	**28** 地下室石板汀步
9 南院入户平台	**29** 防腐木栈道
10 错落入户踏步	**30** 地下室防腐木休闲平台
11 吧台	**31** 南院花池
12 南院休憩平台	**32** 地下室踏步
13 石板踏步	**33** 挡土墙
14 阳光草坪	**34** 南院拼接休闲平台
15 南院防腐木平台	**35** 错落石板踏步
16 南院防腐木景墙	**36** 休闲平台
17 北院入院平台	**37** 卵石槽
18 防腐木栅栏	**38** 荷花水池
19 北院条石挡墙	**39** 跌水景墙
20 北院石板园路	**40** 建筑主体

[拾光之幻平面图]

01/ 荷花水池和休闲平台

02/ 拼接景墙

03/ 南院防腐木平台

03

　　初进门厅，设计师以"曲径通幽"的形态去创造"峰回路转"，"探幽"便成了家学性格中的低调呈现。"大隐隐于市却自得其乐"是居者的性格。抬升的花坛和下沉的栈道空间形成了一种强烈的山隐对比，"复前行，欲穷其林……"大面积的玻璃借光影的反射，给空间披上朦胧的幻境。居于谷中，仰望远处山影，"复行数十步，豁然开朗"，便有亭廊相迎，鱼荷之趣，映入眼帘。

05

06

07

南侧花园是室内客厅的延展空间，借山影、树影、气影于一体，一个可居之园首先需可行、可望。

01/ 吧台
02/ 南院防腐木平台
03/ 地下室踏步
04/ 休闲平台
05/06/07/ 植物造景

　　"拾光之幻"不仅停留在白天的晴、雨之中，月夜悄起，幻境更佳。园居空间的夜光从来是藏源的，设计借助材料的反光和通透性去营造山中意境。闹中取静，不仅是一种生活自律，也是心中狂欢的豁达与畅想。"外师造化，中得心源"便是与拾光有关的幻境。

01/ 拼接景墙
02/03/04/05/06/ 植物造景
07/08/ 夜景下的庭院一角

晓白园

项目名称：晓白园
项目地点：云南省昆明市
项目规模：226平方米
设计公司：云南本木景观设计工程有限公司
摄　　影：姚力

　　该项目毗邻滇池湖畔的地标别墅小区滇池ONE，整体环境优美，建筑为法式风格。场地为"C"字形平面，分为一层和负一层花园，上下花园中隔一处天井，靠楼梯通道连接。整体场地较为规整，光照充足，适宜景观营造。

01/ 俯瞰庭院

02/ 从屋内望向庭院

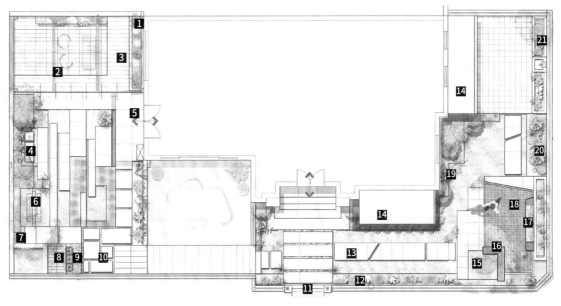

[晓白园平面图]

1 多肉种植池	**4** 涌水小品	**7** 拖布池	**10** 不规则碎拼铺装	**13** 特色铺装	**16** 树池吧台	**19** 植物组合
2 智能廊架	**5** 玻璃廊架	**8** 工具房	**11** 花园门	**14** 采光井	**17** 木座椅	**20** 绿篱花池
3 木座凳	**6** 秋千	**9** 花钵组合	**12** 原有绿篱	**15** 原有大树	**18** 木地板	**21** 花池

业主是位思想前卫、时常旅居国外的时尚女性，她与女儿共同参与设计方案的确定，她们希望打造现代极简风格且极富创意、独特的花园景观。别墅室内设计同样是现代极简风格，并且业主提出只接受黑、白、灰色调，以白色为主基调，打造整体干净、清爽的感觉，不想要大面积水景和草坪，植物要求好打理且美观。

03/04/ 花境组合
05/ 植物组团
06/ 从屋内望向庭院

结合业主需求及现场条件，花园风格被确定为现代极简，色调选择白、灰、黑、绿，场地区块区分与衔接均采用直线条方式。地面以硬化为主，做造型变化；立面以灰色调为主，做墙面饰面及围栏处理；植物整体以绿色造型灌木为主，局部搭配黄色及蓝紫色花灌木，点缀部分热带风格植物。

　　整体花园设计以不规则几何铺装与植物搭配组合。植物作为花园设计中的重要组成部分，往往能决定一个花园的格局和空间感受。本次设计中，植物的搭配在前期设计中已被考虑。上院场地中原有的两颗大乔木和新增的三株小乔木，增强了木平台区域空间的围合感，弱化了建筑边缘，其中樱花树与黄杨球组团形成了特色景观节点。在上院主通道小路两旁，设置了迷迭香和绣球植物带，围栏上有蔷薇爬藤，对原现场的采光井和护栏起到了美化和空间柔化的效果。上院院门正对建筑入户大门，进门大块铺装内嵌地被植物，满足通行停留功能，增加色彩对比。大门台阶两旁对称的圆锥形和球形灌木，既贴合法式建筑风格，也增加了入户的仪式感。下院的蓝花楹树破开负一层盒子般的封闭感，同时起到减弱夕晒、增加私密性的作用。

01 / 植物组团

02/ 不规则碎拼铺装

03/08/09 涌水小品

04/ 绿荫下的中庭

05/ 特色铺装

06/ 楼梯

07/ 植物细节

花园的另一条设计主线就是形式的不规则化和去模式化，尽可能减少常规的设计部分。花园里的木平台、吧台、地面铺装、下沉区均采用了不规则的和简洁的设计，只保留必需的功能配置。硬质铺装部分多采用不规则的拼接咬合方式，尽量使整个地面各个部分互相关联，而非简单的拼接，铺砖也多选用整砖，减少拼接缝，增强整体性。在施工中，方案也有一些调整，为使空间更为开阔，取消了原下院的秋千，扩宽了部分通行主道的宽度，并对不适合应季采购的植物进行替换，而最终花园的完工效果与设计效果也达到了基本契合。

阳光房里以多肉植物为主，也起到室内窗户对景的效果。

01/02/03/04/05/ 木平台

06 /08/ 多肉阳光房

07/ 通往木平台的整砖小径

09/ 夜幕中的庭院

桃李春风·春风里

项目名称：桃李春风·春风里
项目地点：浙江省临安区
项目规模：150平方米
设计单位：苏州纵合横空间景观设计有限公司
设 计 师：宋海波
摄　　影：宋海波

静坐于庭院中，
春雨初生，
春林初盛。
十里春风不如你，
一盏茶、一本书便是乐事一桩。
乏了，闭目，
则可任思绪遨游。

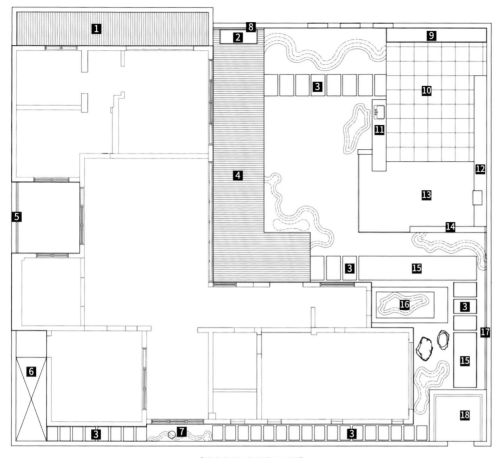

1 防腐木休闲平台
2 种植槽
3 石板汀步
4 出入户过渡平台
5 天井木格栅
6 设备房
7 成品洗手池
8 防腐木景墙
9 种植池
10 休闲平台
11 吧台
12 跌水坐凳景墙
13 水池
14 框景景墙
15 石板栈道
16 树池
17 防腐木格栅景墙
18 出入户平台

[桃李春风·春风里平面图]

01/ 中心砾石区
02/ 中心庭院植物
03/ 悬空树池

此案坐落于西子湖畔，庭院建筑面积约 150 平方米。在接到项目设计委托后，距离房主新婚只有不到半年的时间。在这极其中式化的建筑环境中做花园，有两个难点：其一是需要满足当下年轻人所青睐的现代简约生活理念，要"年轻化"；其二则要规避掉现代元素与建筑环境的冲突，这也是设计的核心所在。

04/ 入户景观

05/ 对景墙

庭院呈规整的方形，四周由高耸的围墙和建筑围合，很好地体现了传统中式建筑院落的特点。方正规整的庭院需要匹配的是空间的层次感与多变性，于是设计师创造了不同的竖向意象组合——景墙、水池、吧台、廊架等，高低错落的关系都经过了非常严谨的推理，从而呈现出令人喜悦的空间感受。

01/ 对景景墙
02/ 庭院水景
03/ 装饰花池
04/ 中心庭院
05/ 遥看休闲平台
06/07/ 跌水、坐凳、景墙

对于庭院来说，设计师一直坚持的一个观点就是：庭院该有水。设计师在休闲凉亭里设计了浅水池，再通过凉亭顶部镂空的型材，形成了"水中月，镜中花"的框景效果。水池的深度为 30 厘米，为整个花园营造了氛围感，同时没有任何的安全隐患存在。

对于植被搭配，设计的中心理念是既四季有景，同时又要方便打理，所以灌木的配置基本以常绿的龟甲冬青球和冬青先令球为主，它们撑起了空间的主要骨架。在地被选择上，黄金佛甲草这种常绿饱满的地被是设计师选择的重点。至于剩下的小乔木，设计师大胆地搭配了些红枫、罗汉松等对比鲜明的树种。

01/ 休闲平台特写   05/ 树池特写

02/ 廊架下的空间   06/ 户外置石

03/ 廊架仰视图   07/ 小景特写

04/08/ 遥看休闲平台

伊园

项目名称：伊园
项目地点：上海市
项目规模：295平方米
设计公司：上海东町景观设计工程有限公司
设 计 师：Mark·Zhu
摄　　影：陈铭

在充满爱的日子里，东町将仙境带进孩子的世界——花园，你是否还记得上一次和孩子一起玩耍的日子，是否还记得对孩子说我爱你？

[伊园平面图]

1	草坪
2	植物造景
3	下沉休闲区
4	流水景墙
5	设备间
6	宠物房
7	庭院门
8	汀步
9	采光井
10	植物造景
11	操作台
12	汀步
13	趣味书屋

　　空间主色调是蓝色，在植物的映衬下，休闲区的蓝色绚丽烟花背景显得格外醒目，旁边就是儿童游乐区域，大人在一起喝茶聊天的时候，刚好可以看着小孩。大家在一起可以有很多的互动，儿童游乐区域的设备体量都是比较大的，大人跟小朋友可以一起玩。

01/ 庭院休闲一角

02/03/04/ 蓝色烟花背景

儿童游乐区域的重要性有孩子的人都能明白，这个区域不仅可以解放双手，还能减少家庭矛盾，小朋友也不用去拥挤的室内儿童乐园，防止病毒交叉感染。这是户外孩子玩乐的天地，让孩子在漫长岁月磨平了棱角后还能回忆起儿时家中的花园里有着这样一方小天地。

01/02/03/04/ 儿童户外游乐区

　　水景墙的立面有流水口，便于把平面的水景拉到立面上，在室内也可以看到室外流动的水景，在户外可以听到潺潺流水声，在阳光的照耀或灯光映射下，水景灵动。每当夜幕降临，水的流动结合灯光，整个庭院空间变得非常唯美。

　　水景采用原始石材表面表现，旁边配上灵动的小鹿和各种可爱的小动物小品，融合得很自然，潺潺流水、在风中摇曳的植物、旁边大面积的草坪，一幅自然景象。

05/ 草坪
06/ 灵动的小鹿小品
07/08/ 水景墙

　　各式各样的花卉在绿色间透出光彩，高低不同的植物通过夜晚的灯光展现出不同的层次。设计师在庭院的一个角落做了一个下沉的空间，它与整体景观完美地融合。

01/02/ 通往庭院的石拼小径　　　07/ 休闲区　　　　　　12/ 流水景墙

03/04/05/ 下沉休闲区　　　　　08/09/ 下沉休闲区　　　13/ 入园踏步

06/10/ 草坪　　　　　　　　　　11/ 庭院门

　　灯光在庭院中扮演着一个非常重要的角色，在照明的同时，还可以渲染氛围。当夜幕来临，暖暖的灯光成了主色调，以其简洁的造型、完美的细节营造出时尚前卫的感觉，使得整个庭院显得温馨自然。精致的户外庭院让一家人在这个空间里享受属于自己的时光。

御园

项目名称：御园
项目地址：上海市
项目规模：700平方米
设计公司：上海东町景观设计工程有限公司
摄　　影：陈铭

　　业主所在的园区建筑采用独特的北美风格，园区内有小溪流水、绿树成荫，展现出一派恬静的休闲园林美景。这是一座被疫情耽误的花园，按原计划在2020年初夏竣工，可是一场突如其来的疫情挡住了它绽放的脚步。

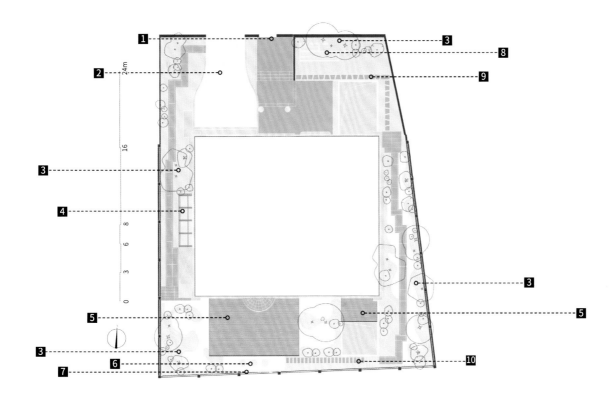

[御园平面图]

1 花园入口　　**2** 车库入口　　**3** 植物造景　　**4** 采光井　　**5** 木平台　　**6** 水钵　　**7** 发光景墙　　**8** 流水景墙　　**9** 园路　　**10** 汀步

入口的位置在整个花园里算是下沉空间，也是单独的一个区域。入户门和墙面的装饰灯都是设计师特别设计的，采用铝合金烤漆材质，经久耐用。入口的右边是一排薰衣草，电箱在这里被隐藏了起来。

01/ 花园入口和流水景墙

02/03/ 花园入口和流水景墙夜景

04/ 花园入口

02

02

03

入口的左边是主体的水景位置，水景整体上呈现出东方韵味。其实水体的整体结构是现代风格的，但是旁边搭配的一棵罗汉松直接让这个区域的风格变成了富有东方色彩的空间。大片的草地和灵动的流水让花园充满了生机。不同色彩、不同个性的树木让水景的春夏秋冬都可以给人不一样的感觉。

　　花园的另一处也有个小水景和一大块休闲平台，这里色彩搭配简单，主要通过植物的颜色来烘托花园的气氛，几大块区域的划分线条利落，让人非常舒心。在这里不用特意去强调风格，你在每个细节里都可以感受到设计师的用心。整个花园的亮点很多，特别是这块流水景墙，晚上的灯光很吸引眼球，前面的小水景也给这个区域增加了趣味性。

01/02/ 流水景墙特写
03/ 流水景墙夜景
04/05/ 木平台
06/ 水钵
07/08/ 休闲座椅

　　不同的路采用了不一样的方式表现，有汀步，也有平坦的石板路。不一样的路有不一样的风景，路两旁是专业的花境设计师搭配的植物，让业主可以在不同的季节感受到不一样的美丽。植物的生长和凋零有不一样的美，稚嫩的、含苞待放的、成熟的、凋零的，每个阶段都让人不想错过。

01/02/04/ 植物造景

03/ 汀步

05/06/ 夜晚的灯光效果

　　夜晚的时候，打开智能灯光系统，整个花园的气氛都会被烘托出来，每个地方都设计了不同的光线，照射出一个温暖浪漫的环境。不要小看这些星星点点的小光源，这才是设计师的用心之处。灯光给花园注入了不一样的生命力，几个简单的智能开关就可以调节出不一样的模式。

童趣花园

项目名称：童趣花园
项目地址：上海市
项目规模：234 平方米
设计公司：上海东町景观设计工程有限公司
摄　　影：陈铭

　　这是一个花园改造项目，现场有一定的基础设施，整体是比较传统的现代风格，美观程度以及实用程度不高，设施有些老旧。业主对花园的需求十分清晰，要充分利用其面积大的优势，将花园打造得更加富有品位和童趣。

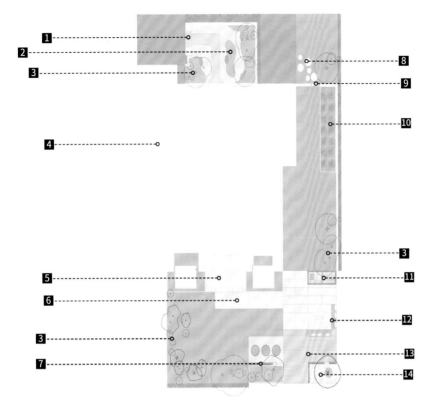

1　花园入口
2　禅意绿岛
3　植物造景
4　点景大树
5　出户平台
6　花园汀步
7　流水景墙
8　圆形汀步
9　入户小门
10　花园农场
11　操作台
12　休闲卡座
13　塑木平台
14　儿童树屋

[童趣花园平面图]

区域划分：前院、侧院、后院。其中后院划分：沙发区、儿童区、水景区、植物区。

后院空间是整个空间的主花园区，占地最大，面朝阳光，是现代简约式风格，景观动线划分清晰，私密与共享并存，节奏变化收放有度，整个空间过渡自然，能带给人不同的感受。

后院空间晚上的灯光柔和明亮，映照得花园更加美丽。晚上的水景是一个小惊喜，灯光打开以后，水景上出现了预先设计的小星空，随着水流一闪一闪的，格外醒目。

01/09/10/ 儿童树屋

02/ 休闲卡座

03/04/12/ 儿童树屋与休闲卡座

05/ 植物造景

06/ 流水景墙

07/08/11/ 后院大草坪

前院空间：这是入户花园，这个位置的光线不是很足，所以设计采用自然式的风格，让人感觉仿佛无意闯入了世外桃源，没有闹市的喧嚣，这样的氛围使业主感到放松、惬意。

侧院空间：侧院现在是预留的一个空间，目前一部分用作菜地，还有一个储物的小亭子，别的地方都是草地，后期如果菜地能种好，应该会扩大规模，毕竟自己种的菜是真的好吃和健康。

沙发区：沙发和操作台都是现场定制的，悬空设计的座椅不易积灰，方便打理。

01/ 花园入口
02/ 禅意绿岛
03/ 从侧院看向儿童树屋
04/ 侧院草坪
05/07/ 休闲卡座
06/ 操作台

植物区：这里绿意环绕，具有宁静、平和之美，让人感受四季的万般变化。

儿童区域设置在庭院的角落，这个位置不仅视野特别好，而且在花园的每个位置都可以看到这个区域，这样在儿童玩耍的时候，大人随时可以看到，很有安全感。儿童区域面积很大，种了一棵橘子树苗，可以伴随小朋友一起成长，这是需要被珍藏的时光。慢下来的生活，一家人其乐融融，陪伴永远是孩子们最需要的关爱。

水景区：自然而往，归心而居，漫步庭院，氛围逐渐安静，耳边只留下潺潺的水声。

01/04/05/ 植物造景
02/10/11/ 流水景墙
03/06/ 后院大草坪
07/ 儿童树屋与植物造景
08/ 吊床秋千
09/ 儿童树屋

嘉定宝华梭庭

项目名称：嘉定宝华梭庭
项目地点：上海市
项目规模：300平方米
设计单位：上海沙纳景观设计有限公司
施工单位：上海沙纳景观设计有限公司
摄　　影：SARAH

　　一座花园的诞生，如同一个生命来临，主人的孕育与呵护是花园最好的养料。花园在一年四季中，给主人回馈它的美、它的优雅与意境。无论是置身其中，还是在室内静观，花园的美都让人流连忘返。

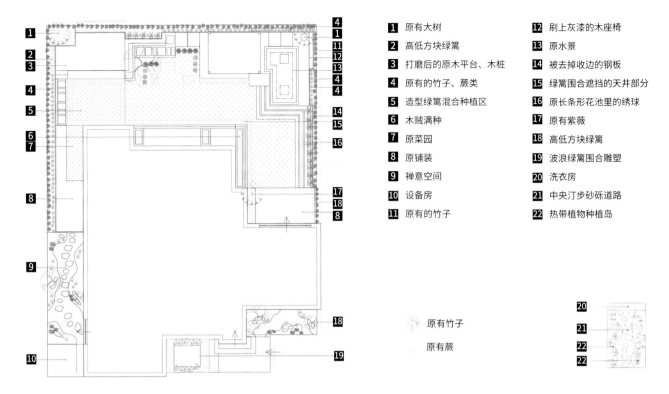

1 原有大树		**12** 刷上灰漆的木座椅	
2 高低方块绿篱		**13** 原水景	
3 打磨后的原木平台、木桩		**14** 被去掉收边的钢板	
4 原有的竹子、蕨类		**15** 绿篱围合遮挡的天井部分	
5 造型绿篱混合种植区		**16** 原长条形花池里的绣球	
6 木贼满种		**17** 原有紫薇	
7 原菜园		**18** 高低方块绿篱	
8 原铺装		**19** 波浪绿篱围合雕塑	
9 禅意空间		**20** 洗衣房	
10 设备房		**21** 中央汀步砂砾道路	
11 原有的竹子		**22** 热带植物种植岛	

原有竹子

原有蕨

[嘉定宝华梭庭平面图]

　　本花园位于上海近郊。主人对于审美有独到的见解，室内空间设计简单素雅，用材高级，给人一种简洁而又温暖的家的感觉。为了提升室内空间的采光效果，主人改造了原有的所有门窗后却突然发现一个问题，随同阳光一同进入室内的还有略显狭窄杂乱的户外景观。于是设计师改造了花园，在花园中央区，设计师保留了主人喜爱的阳光草坪，草坪周边与花境区用矮壮绿篱收边，花园布局有序整洁，完美配合了花园内水池与休闲区廊架的方正造型，植物景观也有力地软化了硬质景观略显生硬的感觉。

01

02

03

01/02/03/04/ 草坪

05/06/ 镜面水池

　　设计师保留了原来作为围栏的大量紫竹，对其做了整体捆扎并修剪掉下部的杂乱枝条，使得原来比较杂乱无序影响花园整体空间的竹围栏转变为一道亮丽的风景线。同样，设计师对花园入口处原有的一株紫薇进行了修剪，使之更加挺拔昂扬，这样建筑主体便掩映在一树翠绿之中。

　　在花园的一角里慢慢消磨惬意时光，细细地品一杯茶，看着日出日落，秋去春来，让这个花园的每一份美丽，都慢慢流淌进心里。

01/03/04/ 休闲平台

02/05/06/07/ 户外茶歇空间

08/ 绿植在水池中的倒影

01/02/03/06/07/08/ 禅意空间
04/05/ 从窗户内外看鸡爪槭

01

广州琶洲花园

项目名称：广州琶洲花园
项目地点：广州市
项目规模：200平方米
设计单位：上海沙纳景观设计有限公司
施工单位：上海沙纳景观设计有限公司
摄　　影：SARAH

花园围绕"海洋"主题来打造。业主有个可爱的女儿，设计师索性将花园设计为"海洋乐园"的形式，为家庭带来更多乐趣，既能有景可赏，还能够充满童真和趣味，"美"与"趣"巧妙结合。

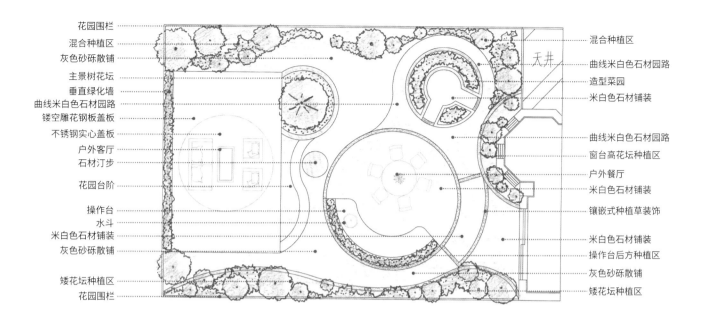

花园围栏 ········· 混合种植区
混合种植区 ········· 曲线米白色石材园路
灰色砂砾散铺 ········· 天井
主景树花坛 ········· 造型菜园
垂直绿化墙 ········· 米白色石材铺装
曲线米白色石材园路 ·········
镂空雕花钢板盖板 ········· 曲线米白色石材园路
不锈钢实心盖板 ········· 窗台高花坛种植区
户外客厅 ········· 户外餐厅
石材汀步 ········· 米白色石材铺装
花园台阶 ········· 镶嵌式种植草装饰
操作台 ·········
水斗 ········· 米白色石材铺装
米白色石材铺装 ········· 操作台后方种植区
灰色砂砾散铺 ········· 灰色砂砾散铺
矮花坛种植区 ········· 矮花坛种植区
花园围栏 ·········

[广州琶洲花园平面图]

01/ 花园鸟瞰
02/03/ 户外客厅

花园总体分为三个空间，前院——海洋鲸鱼，后院——吐泡泡的鱼，露台——海洋生态岛屿。

前院较为狭长，根据这一特性，其被设计成体形较长的海洋鲸鱼形状，曲线花坛代表鱼身，围绕花坛的沿边座椅像是鲸鱼的嘴巴，座椅边放置圆形桌子，即形成鲸鱼的眼睛，生动有趣，同时方便主人小坐时使用，喝茶看书。后院本身为规则形状，却因棱角较多导致花园较显呆板，设计师根据"海洋花园"的主题，打造出曲线形态，整个花园宛如海洋中游动的鱼，吐着泡泡，涌起层层波浪。

　　原先花园中有一个很大的抬高式天井，占据了花园较多空间，为了提高花园的实用性与美观性，设计师将天井设计成独特的抬高式雕花休闲区，同时采用曲线台阶形式，柔和了天井的棱角，也解决了高差问题。上方采用雕花饰面，同时保留一块实心圆空间放置座椅，整个天井反而成了花园景观的一部分，释放了花园空间。

餐厅、客厅、主景树、菜园、花坛以圆形为雏形，满足功能需求的同时，也迎合了海洋鱼的卡通形象。"圆"本身具有"团圆、美满"的寓意，也是设计团队对业主的祝福。层层波浪则是下方曲线矮花坛，曲线园路连接几个圆，整体贯穿，自然形成了路径，既满足行走，又不突兀。后院的曲线打破呆板的形象，与前院曲线鲸鱼形状得以呼应，前有鲸，后有鱼，它们都徜徉在奇妙花园的海洋里。

而高处的露台空间被设计成禅意景观，打造出海洋中岛屿的生态景观。沙粒代表海洋，苔藓岛代表海洋中的岛屿，与低处的花园主题一致。在室内的健身房运动的时候看向门外生态景色，仿佛在大自然中奔跑运动，在满足视觉感受的同时，又满足了功能需求，业主在这里可以小坐、喝茶、冥想。花园的主题打造使得花园集美观、实用、趣味为一体，内容丰富、景观自然、主题明确，主人的生活真正地融入自然中。

01/02/03/07/ 户外客厅

04/05/06/ 户外餐厅

08/ 树上挂着的几盏灯

137

沙纳花园设计工作室

项目名称：沙纳花园设计工作室
项目地点：上海市
项目规模：50平方米
设计单位：上海沙纳景观设计有限公司
施工单位：上海沙纳景观设计有限公司
摄　　影：SARAH

　　上海徐汇区传统的法租界是国内保
存最完整、最有法式浪漫与生活气息的
区域。每一棵梧桐树，每一栋建筑，都
历经了一百多年的时间沉淀，使这里成
为众多艺术与设计追求者的圣地。

　　沙纳花园设计工作室位于这个时间
仿佛停滞的法租界内，并用自己的理解，
把魔都闹市中的一处小庭院，变身成最
为潮流的都市花园，并与百年法式别墅
建筑完美结合。

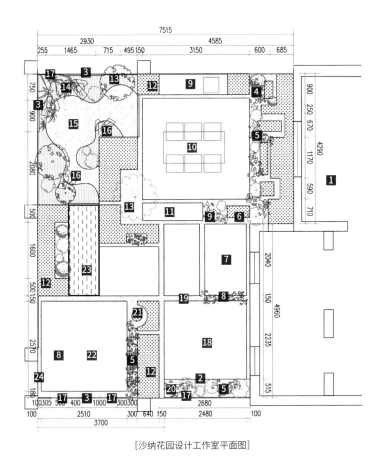

1 现状建筑		**13** 花园主景树	
2 装饰小品		**14** 耐阴植物种植区	
3 镜面不锈钢		**15** 花园水溪	
4 大树种植区		**16** 景观石	
5 植物种植区		**17** 花园垂直苔藓墙	
6 精品矮绿篱		**18** 户外休闲区	
7 户外躺椅区		**19** 木贼种植区	
8 花盆组合		**20** 小树种植区	
9 花园操作台		**21** 弧形镜面不锈钢艺术	
10 户外桌椅组合		**22** 水泥铺装	
11 艺术水泥台阶		**23** 花园水景	
12 精品高绿篱种植区		**24** 花园门	

[沙纳花园设计工作室平面图]

01/ 花园入口
02/ 门牌下的绿篱
03/ 窗户旁的枇杷树
04/ 花盆组合

02

03

　　春天的樱花、夏日的山梅花、四季常绿的苔藓与绿篱，配以蜿蜒曲折的艺术水泥地面、便捷的户外操作台与休闲区，与虽略显陈旧却又韵味犹存的老别墅建筑相辅相成，仿佛一老一少的绝佳组合，各自为对方带来充满新奇感的元素，焕发出勃勃生机。

01/03/ 绿篱

02/ 垂直苔藓墙

在周围一片充满日常却又随意的老旧居住区内，自然苔地、鲜花花境、迷宫绿篱、炫酷镜面、流水景墙，竟然都被巧妙安置在这区区的 50 平方米的小庭院内，却又不显拥挤，使用方便且创意十足。

04/05/07/ 户外桌椅区

06/ 植物种植区

08/ 桌上的烟灰缸和小盆栽

01/ 户外地毯和躺椅

02/03/04/ 小树种植区

05/ 水溪

06/ 耐阴植物

07/09/ 装饰小品

08/ 花园操作台

01

西郊一品

项目名称：西郊一品
项目地点：上海市
项目规模：200平方米
设计单位：上海沙纳景观设计有限公司
施工单位：上海沙纳景观设计有限公司
摄　　影：SARAH

　　为了保证一层花园的整体性，中央采光天井的顶部需要封闭。设计师加入自己的巧思创意，天井顶部采用了可开启的采光顶窗与实体屋顶相结合的方式。

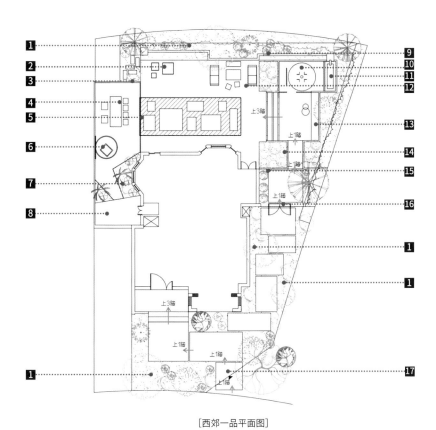

1	植物造景
2	透光天井
3	禅意框景
4	阳光房
5	天井景观
6	流水景观
7	热带植物
8	洗衣房
9	水渠景观
10	冰球场地
11	水景营造
12	休闲区域
13	休闲座椅
14	球组造景
15	玄关造景
16	花园入户
17	出入口

[西郊一品平面图]

01/02/ 透光天井

03/ 休闲座椅

在围绕着这个天井改造的中央景观种植区，设计师设置了阳光茶室、户外休闲区。一条贯穿整个花园边界的水景带在边界处的花境区若隐若现，为花园带来了些许灵动。

一览整个花园景观的阳光茶室，设计师同样用室内植物景观与顶部的雕花顶带来了满满的异域风情。阳光下，雕花顶为茶室提供了灵动的光影，让人如醉如痴，这里成为业主最爱的场所。

01/ 户外休闲区

02/03/ 植物造景

04/05/06/07/ 天井景观

可开启的顶窗保证了地下楼层的采光与通风，实体屋顶被设计师用来作为花园内景观植物的种植底床。同时窗体与实体屋顶之间被设计为高低错落、有机组合的平面图画，再加上花园设计师搭配的景观植物，无论从哪个方向看过去，都无法看出这是一个天井的顶部，而是一个美丽自然的花境种植区，而这个种植区正对着一楼的客厅空间，为业主的室内客厅提供了绝佳的景观背景，也避免了常见的整体采光玻璃所造成的严重光污染。

01/ 休闲座椅   04/ 天井景观

02/ 入户门   05/ 装饰小品

03/ 阳光茶室

06/07/08/10/11/ 水渠景观
09/ 鸡爪槭

闻雁庭

项目名称：闻雁庭
项目地点：上海市
项目规模：1200平方米
设计单位：上海翡世景观设计咨询有限公司
摄　　影：潘山

　　项目位于上海郊外，建筑将庭院分为南北两个空间，南侧相对开阔完整，北侧作为客厅与餐厅视线的延伸则更具有观赏性。从空间格局和园主人的使用需求出发，设计师将亭廊、山石、水景等元素引入日常生活场景，希望在都市之中营造一片静谧自然的咫尺山林。

01/ "昌迪加尔"之亭
02/ 置石细节
03/ 庭院一览

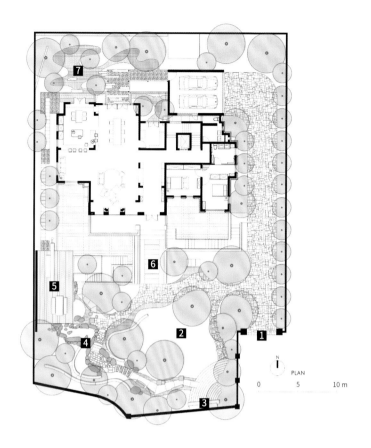

1 主入口
2 草坪花园
3 壁炉
4 鱼池飞瀑
5 "昌迪加尔"之亭
6 入户步道
7 "潇湘奇观"之庭

[闻雁庭平面图]

南院

　　南侧庭院进深较短，在视觉观感上很容易单一化。因而设计通过对缓坡地形进行抬升处理，并配合以优美的丛生香樟和充满野趣的植物组团最大限度地丰富了空间的层次感，同时也在园内形成一道绿色的屏障，增强空间围合感。园路跟随着地形逐步抬升，草坡之上是一个可供休憩的林下空间。现代而充满细节的铺地、自然且丰富的植物搭配，使园主人可以在这里尽情地喝茶看书，安享悠然午后时光。

01/ 草坡和蜿蜒的石砌景墙

02/03/ 曲面景墙细节

04/ 石板铺装

05/ 曲径通幽的园路

06/ 石砌景墙夜景

　　设计师将挡土墙处理成由青石砌筑的曲面景墙，造型流畅自然，自然种植的植物组团既分隔了空间，又成为主庭院中一处独特的点景。

西侧的精致水景与舒朗开敞的草坪在空间和动静上形成鲜明对比。水景的面积虽小，但包含着设计师精心推敲的重重细节。

"昌迪加尔"之亭

　　庭院西侧立于水潭之上的是一处可供聚会交友的木构廊架区域。廊架的设计灵感来源于经典家具昌迪加尔椅。V形原木柱与黄锈石墙体构成了廊架的主要承重结构，木质横梁在昌迪加尔系列的V形设计语言中也被处理成了独特的梯形。廊架顶则呼应藤编椅背，采用轻质木格栅，在尾端同样进行了梯形折角处理。廊架的整体造型掩映在植物组团之中，对于整个居住空间来说，也是一种室内建筑化语言的室外延伸，就如同将这把经久不衰的昌迪加尔椅放置在自然之中，在阳光的照射下，格栅的光影与石墙的肌理交相呼应，景观与建筑、自然美与现代感也在彼此的对话间交融。

01/ 休闲椅

02/03/04/ 自然堆砌的石材水景

05/07/ "昌迪加尔"之亭

06/08/ 廊架细节

"潇湘奇观"之庭

穿过廊架，沿着幽深小径前行，就来到北侧庭院。与南侧的开敞和休闲不同，北侧庭院更显私密和禅意。飘逸的鸡爪槭、蓬松而茂盛的地被植物，与青石景墙共同构成一幅"潇湘奇观"的长卷。设计师对北侧庭院的最初想法是将室内外空间进行一体化考虑。主人在餐厅与起居室时，目光所及，窗外的景致渗透而入；而走出客厅来到庭院之中，斑驳的光影、四季变换的植物以及细腻的砌筑石墙，则会带来与自然的亲近感。

青石景墙的概念来自米友仁的《潇湘奇观图》，设计没有复刻山体纹理或是堆叠假山，而是通过石块从上至下、由小到大的渐变关系，呼应着传统山水画中的"皴擦"笔触由清晰到模糊的状态，从而以景观的语言抽象描绘着画中"山"的意境。

01/04/ 北侧庭院景墙
02/03/ 路面细节
05/ 北侧庭院空间
06/07/ 铺装细节

子木花房

项目名称：子木花房
项目地点：北京市
项目规模：150平方米
设计单位：北京壹禾景观园艺有限公司
施工单位：北京壹禾景观园艺有限公司
摄　　影：张运花

　　花园围绕着阳光房呈半围合 L 形，设计将花园分为花园门外的迎宾花境区、花园过道、休闲活动区、岩石花园区几个部分，麻雀虽小，却五脏俱全。

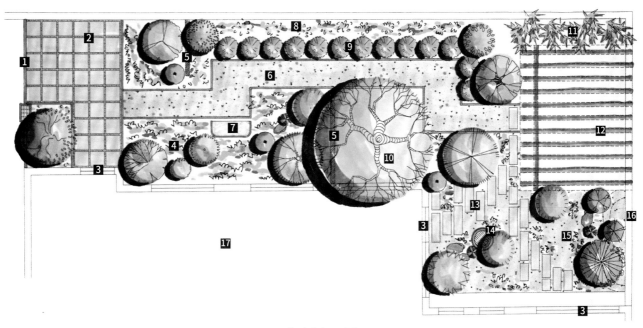

[子木花房平面图]

1 花园门　2 混凝土块铺装区　3 入户门　4 自然花境　5 藤编影壁　6 碎石园路　7 白色铁艺座椅　8 阴生花境

9 绣球花境　10 原有大杨树　11 早竹园　12 品茗观影区　13 自然条石　14 磨盘水景　15 岩石花园　16 花园围墙　17 阳光房

　　在整个空间里，最先确定的是木廊位置，从花园门往里看，空间一览无余，毫无遮挡，宽窄一致的空间没有变化，故设计师决定在中间增加两个影壁。

　　影壁使规则的空间产生变化，而且两块影壁被设计得高低、长短、形状各不相同。第一块影壁是正方形的，中心留了一个空心圆。进入花园后，使人面对影壁墙不会感觉拥挤，而且圆形的镂空起到了很好的框景作用，将后面的木廊如画一般呈现出来。

01/02/03/ 藤编影壁与绣球花境

04/ 自然花境

靠后面的影壁相对矮一些，当人走在花园路径上时，不会被木廊过多地遮挡视线，休闲区若隐若现，但又保证了人在木廊活动时的私密性，藤编的材质更是让空间与自然融为一体，浑然天成。

花园活动区域位于花园的东南角，休闲区的北侧和东侧，一边是岩石花园，一边是绣球花境，主人进行休闲活动的同时也能欣赏四季美景。在休闲廊架的建设过程中，大部分木材都是从二手市场淘的，例如搭建木廊的木材以及木廊下面摆放的桌凳就是由旧榆木加工而成的。而木廊墙壁装饰是设计师在旧货店淘的大小不同且编织方式很有特点的斗笠。休闲区与花园门之间用最简洁的灰色石子连接，格调与整体花园风格一致，且呈现出不同材料的质感。

设计师在花园里着重打造了四季的不同感觉和变化，从三月开始直到冬季，不同季节都能呈现出完全不一样的景观效果。

01/02/03/ 自然花境

04/ 休闲廊架

05/ 花园休闲区域

06/ 岩石花园

07/08/09/10/ 盛开的鲜花

　　花园四季各有各的美，在这四季的变幻循环中，主人感受到了养护的辛劳，也享受到了优美的景色。这大概就是花园的魅力，它不同于山川大河、茂密森林带给我们的震撼与敬畏，却融入了我们的汗水与心血，还满含着我们对生活与未来的期望。

01/02/05/ 自然花境

03/ 阳光房

04/ 白色铁艺座椅

06/07/08/ 花园冬景

09/ 自然条石与秋叶

10/ 品茗观影区

东原香山花园

项目名称：东原香山花园
项目地址：重庆市
项目规模：620平方米
设计单位：重庆和汇澜庭景观设计工程有限公司
摄　　影：禾锦摄影

　　这个花园是重庆常见的坡地花园，有一定的地形高差，因此在设计中，设计师从多层次、全方位考虑了景与景之间的融合。

　　设计师刻意保留了天然的高差关系，在造园时形成以建筑为基础向外逐步下沉的花园。高低错落的层次关系让花园更加富有观赏性和趣味性，很好地创造了阶梯式景观，实现了空间转换。

[东原香山花园平面图]

1	入户铁艺大门
2	地面拼花
3	入户玄关
4	旋转楼梯
5	户外就餐区
6	凉亭
7	水族观景池
8	休闲木平台
9	阳光露台
10	田园雅趣
11	空调机位
12	户外车位
13	镜面水景

花园第一层——入户区、停车区、菜园

花园第一层空间主要由入户区、停车区和菜园三个部分构成。首先我们看到的是别墅花园的大门和车库，这么精致的景墙和绿树繁花，任谁看了，内心都会涌现出幸福感吧！

进门之后除了一眼就能看到的植物雕花景墙外，还有一处精致的喷泉置景。在法式风格的花园设计中，艺术雕塑的喷泉是常用的元素，对称的布局彰显出庄重的气势。

现在，越来越多的人喜欢在花园或者阳台上种菜，因此设计师在花园的角落规划了一片菜园。规则的长方形菜地简洁又美观，旁边还做了一个洗菜用的操作台，以便业主清洗新采摘的蔬菜。

01/02/ 观景平台

03/04/ 入户铁艺大门

05/ 喷泉置景

06/ 植物雕花景墙

花园第二层——户外就餐区、凉亭

楼梯往下是花园的第二层，这是一个浪漫温馨的户外就餐区和凉亭区域。天气晴好的时候，在户外花园用餐很是惬意。

在美丽的花树下，微风拂面，花香阵阵，无论是享受午餐还是下午茶都是非常美妙的。天黑以后，在缤纷的灯光下开一场派对，也是美好的体验。

01/ 户外就餐区和凉亭   04/05/07/ 凉亭

02/06/ 户外就餐区   08/ 观景平台地面铺装

03/ 景墙   09/ 水族观景池

花园第三层——花园观景区

在花园第三层，可以一览整个水景及休闲区全貌。在这里，喷泉、对称雕塑、园林小品作为装饰，既能够突出布局的几何性，又可以产生丰富的节奏感，从而营造出多变的景观效果。

在植物设计上，设计师没有遵循规整、对称的设计方式，而是采用自然的布局手法，让整个花园不至于过于严肃。业主在花园中可以充分享受空气、阳光、绿色与和谐带来的惬意生活。

设计师在花园保持整体法式景观风格的基础上追求自有特色，吸引着人们走进花园，融入绿色的环境，享受这美好的优质生活。

　　在细节的处理上，设计师运用了法式廊柱、雕花、线条元素等，它们的制作工艺精细考究，一起营造出一处高贵典雅的法式空间。最终呈现的花园拥有精美的雕刻艺术，散发着浓郁的法式古典气息。

01/02/ 休闲木平台

03/ 休闲座椅

04/05/ 观景平台

06/ 喷泉置景

07/ 水族观景池

星辉园

项目名称：星辉园
项目地点：上海市
项目规模：950平方米
设计单位：上海东町景观设计工程有限公司
摄　　影：陈铭

　　业主向往田园派诗人陶渊明的"方宅十余亩，草屋八九间，榆柳荫后檐，桃李罗堂前""倚南窗以寄傲，审容膝之易安，园日涉以成趣，门虽设而常关"的美好生活。他认为庭院不仅是一种记忆，更是一种生活方式。所以这个庭院带着把自然还给生活的梦想、在家中遇见自然的美好愿望、让自然赞美生命的美好使命。

01/ 郁郁葱葱的庭院绿植
02/03/04/05/06/ 庭院一览

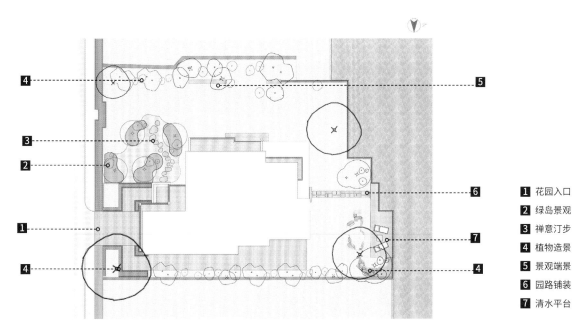

1 花园入口
2 绿岛景观
3 禅意汀步
4 植物造景
5 景观端景
6 园路铺装
7 清水平台

[星辉园平面图]

把家搬进大自然，生活不止眼前的苟且，还有诗和远方的田野。但田野毕竟太远，不如精心布置好一方庭院。庭院中，有春的娇艳，也有夏的葱茏，还有秋的萧条，更有冬的静穆。天晴时，庭院阳光明媚，风和日丽；下雨时，庭院烟雨朦胧，悠哉惬意；夜深人静时，庭院皓月当空。花、草、树、木，色彩、线条，为家创造出别样的生命力！

花园，在家中贩卖生活中的小美好。

简约风格的特色是将设计的元素、色彩、照明、原材料简化到最少的程度，但对色彩、材料的材质要求很高，运用留白来强调景观和焦点，利用对空间的分割来突出焦点和形成对比，因此简约的空间设计通常非常含蓄，却能达到以少胜多，以简胜繁的效果。

庭院的花草树木布局精妙，白天的庭院着实令人向往。而在夜晚，庭院添了几许灯光，于朦胧中传递出的缕缕柔情更加引人入胜。花园不仅需要有花有草，灯光的设计也至关重要。光线的使用结合绿植的布景，可以很好地调节庭院的氛围，提升整个庭院空间的情调。

01/04/ 庭院汀步

02/03/ 庭院灯光布置

05/06/07/08/ 各个角度的树池

在院子里，与日月为友，与清风为伴。在庭院漫步，什么都不做，感受最自然的气息，暂别都市的喧嚣，每日清晨闻鸟啼而醒，夜幕降临揽明月而眠，鸟是温柔的，雾是温柔的，樱花是温柔的。

不规则曲线是植物造景的设计理念，植物花卉分层次栽植，形成视觉中心点，搭配暖黄色灯光，营造温馨和谐的气氛，绣球、无尽夏、樱花、玉簪、紫鹃为整个庭院增色添彩。

草在结自己的种子，风在摇树的叶子，我们站着，不说话，就十分美好。试想一下，三五亲友，漫步在花园小径上，感受着周围一草一木的芳香，聆听着周围小生灵们发出的鸣叫声，或闲坐喝茶，或下棋聊天，远离城市喧嚣，享受幽静生活，这样的生活，谁不爱？

01/02/03/ 绿植造景

04/07/08/ 大草坪

05/06/ 砂砾汀步

京都柏林顿花园

项目名称：京都柏林顿花园
项目地点：河北省涿州市
项目规模：700平方米
设计单位：北京和平之礼造园机构
设 计 师：翟娜
摄　　影：林善媚

[京都柏林顿花园草图]

　　花园面积约700平方米，呈环绕型，以南向为主，位于湖畔，视野较为开阔；别墅入口分别为北向和西向，与花园联系较弱。

　　小花园的设计重点通常是如何在有限的面积内满足更多的功能需求，对于700多平方米的大花园，解决功能问题则不再是难题，重点在于风景设计，如何最大限度发挥湖景优势，营造赏心悦目、富于变化的空间是此次设计的重点。

01/ 从草坪望向茶亭

02/ 花园一览

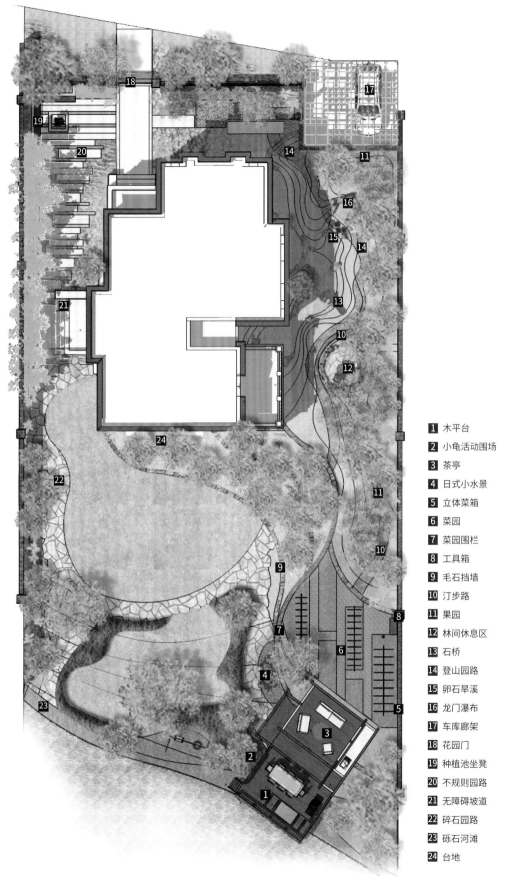

1 木平台

2 小龟活动围场

3 茶亭

4 日式小水景

5 立体菜箱

6 菜园

7 菜园围栏

8 工具箱

9 毛石挡墙

10 汀步路

11 果园

12 林间休息区

13 石桥

14 登山园路

15 卵石旱溪

16 龙门瀑布

17 车库廊架

18 花园门

19 种植池坐凳

20 不规则园路

21 无障碍坡道

22 碎石园路

23 砾石河滩

24 台地

[京都柏林顿花园平面图]

别墅一层东侧主要为卧室、客厅，西侧则是餐厅、厨房、楼梯间，且建筑入口之一位于西侧。在花园空间上，相对应的需求则是东侧偏静态，着重观赏；西侧偏动态，解决交通。在此基础上，东凹西旷、西开东合的空间格局便初步确定了。

由北侧花园门入园，向西行走，道路舒缓流畅，衔接建筑次入口，抵达后院最远端阳光房，即便是轮椅也能够畅通；向东行走，日式铺装路径连接车库入口，中间设置花园椅，其既是装饰也可供人等待停留；继续向前，石径蜿蜒上小丘，仅容一人通行，穿越果林，途径龙门瀑布、果园休闲区，走出台地树林，眼前是一片阳光草地，豁然开朗，远处修剪得圆润流畅的绿篱起伏延伸，将湖景掩映得若隐若现。

01/02/03/ 被花境包围的木质小门

04/ 从草坪望向茶亭

05/06/ 蜿蜒的石铺小径

07/ 绿植和置石

花园整体采用日式风格，除了传统的枯山水龙门瀑布，车库廊架、阳光房均统一为日式风格。车库廊架立面格栅采用日式竹篱，阳光房以日式茶亭方式呈现，铺装材料以手工拼接雕琢为主，将风格贯穿于整体细节之内。

01/ 蜿蜒的花园小径

02/ 不规则汀步

03/ 茶亭

04/05/ 河滩前的砾石、花境

06/ 菜园

07/08/ 植物细节和路灯

等园

项目名称：等园
项目地点：北京市
项目规模：389平方米
设计单位：北京和平之礼造园机构
设 计 师：翟娜
摄　　影：林善媚

　　这是一座相当理性的花园，整座花园的场地并不集中，分为几个相互关联的区域，分别是会客厅、和室、起居室和被连廊所环绕的中庭。起居室外是最开阔的南花园以及二层卧室外的露台。三个区域相邻的室内功能区各不相同，由此各个区域所被赋予的功能属性也各具差异。

1 楼梯
2 水景
3 户外会客厅
4 乔灌木种植区
5 格栅
6 户外就餐区
7 汀步
8 露台
9 儿童游戏区
10 中庭空间

[等园平面图]

01/ 俯瞰中庭
02/ 禅意小水景
03/04/ 俯瞰碎石汀步
05/ 中庭禅意景观
06/ 早樱

中庭

中庭被建筑环绕,四面皆为落地玻璃门,通透的玻璃使得折叠门即便关闭也不影响室内外的交互关系,若将折叠门全部打开,中庭景观则能被全部纳入室内;反之,室内空间亦可被当作户外的亭廊休闲区。室内外的虚实转换决定了中庭的"坐观"属性,关上门,中庭犹如水晶球中精妙的小景,宁静而与世隔绝;折叠门全开,隔绝打破,花香、虫鸣、流水叮咚瞬间生动地出现。

01/02/03/04/05/06/ 各个角度的小水景　　08/ 南花园操作台区域

07/ 中庭空间俯瞰　　09/ 南花园大花葱

南花园

　　南花园场地开阔、阳光充足，面宽与建筑等同，所毗邻的室内空间除了起居室，另有东侧的客房与西侧的儿童游戏房，L 形户外楼梯倚靠西侧围墙向上连接露台。南花园为典型的后院空间，从建筑大门进入，穿过一系列室内空间最终抵达，成为起居室的延伸。至于东侧的客房，则需同开放热闹的花园拉开些许距离以维持其私密性。

　　承载聚会活动功能的南花园场地虽然开阔却不够方正，东西两侧院墙皆与建筑垂直，唯独南侧围墙呈大斜边，为了避免这种倾斜带来的视线关系错乱，花园南侧设置壁炉景墙取直，景墙与围墙的夹角空间则用来种植各种乔灌木，模糊花园边界的同时可以遮阴。场地正中以壁炉为核心展开的是户外客厅，东侧相邻的就餐区有户外操作台，就餐区抬高三步台阶，以便同户外客厅拉开层次。

10/11/ 粉色猥实

12/ 紫珠

13/ 木贼

户外操作台背朝一层客房，种植植物组团进行视线遮挡，就餐区南侧设置格栅，掩映东南繁茂的种植组团，避免杂乱，同时延续景墙的横向线条，进一步取直边界。西侧户外楼梯下部空间消极，部分加以密封作为工具房，隐藏设备。儿童游戏房窗外则在碎石区中点缀耐阴植物，提亮角落；紧靠楼梯边界设置简约水池，水中点缀一株鸡爪槭作为点景树，L形楼梯环绕点景树转折向上，消除生硬感。

露台

拾级而上，便到达主卧和儿童房外的露台。这是与南花园同样开阔的场地，空间性质却大不相同，相邻空间皆为卧房，是业主生活中较为私密的部分，不宜被客人打扰。如果说南花园承载的是男主人张罗的朋友聚会，露台则是小家庭悠闲休憩的场所，在这里女主人可以和闺蜜一起享受下午茶。

落成后的花园在季节的魔法下，植物次第吐芽、绽放、谢幕、退场，等待下一批花开。设计师经常踩点花期去探寻最早绽放的染井吉野，惊喜于恰巧遇见郁香忍冬的沁香；记录洋水仙、郁金香的确切花期，期盼它们坚持到芍药开放，在鸢尾谢后等待猥实的花瀑接力……

01/04/ 不同季节的露台　　05/06/07/ 大花葱

02/ 树池细部　　08/ 被植物环绕的地灯

03/ 海盗船　　09/10/ 荆芥

01

東（东）园

项目名称：東（东）园
项目地点：北京市
项目规模：700平方米
设计单位：北京和平之礼造园机构
设 计 师：佟亚荣
摄　　影：林善媚、玛格丽特·颜

　　東（东）园，将花园的静谧优雅展现得淋漓尽致。

　　这是一座 700 平方米的花园，位于北京市顺义的中央别墅区，大部分别墅的花园面朝人工湖，每栋均有两个露台花园和入户前庭花园。

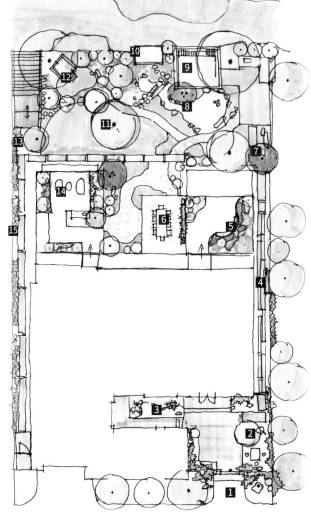

1 竹间东园
2 青枫静泉
3 青苔翠竹
4 花间小路
5 休闲露台
6 聚会观园
7 松石相照
8 旱溪绿岛
9 花园茶亭
10 湖堤垂钓
11 海棠树下
12 秘密花园
13 紫气东来
14 露台远眺
15 竹林小径

[東（东）园平面图]

01/ 花园中庭

02/ 木屋夜景

花园前庭

　　修长的罗汉竹掩映气派的铜质院门，展现着東（东）园独有的端庄优雅的气质。花园前庭位于院门与室内主入户门之间，由于建筑结构的设置问题，两道门形成了门对门的关系，太过通透。设计师在两道门之间靠右一侧栽植了一株造型独特的青枫，实现了犹抱琵琶半遮面的意境。在经过一个寒冬后，青枫表现出茁壮的生命力。唯美的叶片在午后呈现出斑驳的光影，让园主爱惜不已。

　　青枫树下，设计团队将一块富有历史印记的老石板与几块雕花石墩进行重组，形成了一处幽静闲适的区域。前庭花园不仅有迎来送往的观赏价值，也为老人房提供观赏面。老人房与主楼楼梯间的两扇落地窗之间有枯山水小景观，龟甲竹青翠挺拔，其凌霜傲雪的品格得到业主的青睐。地被区域栽植苔藓等阴生植物，面积虽小，但却在对地形与砂石的营造下形成山水之势。

01/02/05/ 前庭空间植物　　06/ 中庭休闲区

03/ 景观置石　　07/ 中庭植物绿岛

04/ 禅意小水景　　08/09/ 置石和地灯

中庭

　　東（东）园的中庭并非室内空间，它位于建筑南侧，被客厅、餐厅、茶室的建筑外墙三面围合成相对独立的区域，又与室内空间紧密结合，故称为中庭花园。中庭花园在功能上是室内餐厅的延伸，方便多人聚会、花园就餐。为了改善休闲区的小气候环境，设计师加入了在地形上起伏的植物绿岛，延续室内客厅的中式风格。这里栽植有紫竹、枫树、造型黑松、红豆杉、芍药、牡丹等植物，增强花园与室内多维度观景的效果，此外在中庭花园可以 180°观赏主花园景致。

主花园

　　主花园面积约为 400 平方米，南侧临湖，东西两侧湖堤处各有一株原生柳树，给了花园充足的遮阴空间。设计师进行充分的场地分析，为了满足园主对花园的观赏需求以及不同家庭成员的使用需求，将花园规划出两个主题——英式自然花园和中式茶亭花园。

　　主花园东西侧之所以在风格定位上采用截然不同的方式，原因之一是其与建筑的空间关系。茶亭旱溪景观区正对建筑内茶室，整扇平开落地窗将花园框至画中，而西侧英式自然花园所对应的是建筑内的餐厅，两者一静一动，呈现的花园氛围不相同。原因之二是兼顾到花园主的喜好，家庭成员中男主人低调谦和，女主人热情大方，女儿活泼好动，每一位家庭成员在花园中都可以找到属于自己的小天地。

穿过蜿蜒的花境，可看到树屋静立在柳树下，白色的帷幔轻柔地摆动。树屋足够容纳 2~3 个人，是小女儿的秘密花园基地。英式自然花园中保留了大面积草坪，草坪中有一株高大挺拔的海棠树，春观花、夏乘凉、秋冬观果，海棠树有着极高的观赏价值和实用价值。由餐厅的玻璃窗向外望去，穿过草坪可望见错落的英式花境和垂柳柔美的枝条。落成后的花园完美实现了设计师和园主对花园的所有期待。

沿着中庭花园那一条人工雕琢的石板路穿过旱溪，缓慢步入花园深处，路径狭窄且悠长，宛如在画中游。位于西侧柳树下的木质茶亭，是在建造时进行地形推敲及模拟实验后，所形成的一处舒适的户外品茶区。凉亭倚靠湖水，可观赏湖中鱼儿嬉戏，面朝青松、绿岛，又有白砂理水。旱溪中的六方石涌泉，与湖中水好似有着巧妙的联系。茶亭旁的钓鱼平台是老人消遣时光的场地。

通过汀步路和石板桥，到达花园的碎石小径上，小路蜿蜒至花园的东南角，两侧植物掩映，低矮的宿根花草偶尔探到小路上。在这里可以看到非常丰富的植物景观，花朵竞相绽放。

01/ 木质茶亭

02/05/ 石板蜿蜒小径

03/ 砂砾铺装小径

04/ 主花园禅意景观松

06/ 主花园禅意景观置石

07/ 石板路连接建筑和茶亭区

08/ 被丰富的花境植物环绕的木屋

09/ 白色帷幔树屋

露台花园是二楼主卧和次卧的延伸花园，设计时考虑到景观与室内的互动关系，通过箱体种植的方式解决植物覆土问题，尽量将种植区扩大，拉开植物种植层次，让园主在室内也能感受到被花园包围。

主卧露台的休闲区设置在靠南侧玻璃围栏处，园主可以远眺地面花园和远处的湖面。而女儿房的露台种植区更为灵动，运用弧形种植池与木质座凳结合的形式，给孩子留出充足的活动空间。植物的选择也符合孩子的喜好，颜色以粉色与蓝紫色为主。除此之外，植物也选用易打理、好维护的品种。

01/ 旱溪景观夜景
02/ 从植物丛中望向茶亭
03/ 草坪中的小地灯
04/ 植物造景
05/06/07/08/ 露台种植区

01

卿园

项目名称：卿园
项目地点：北京市
项目规模：55平方米
设计单位：北京和平之礼造园机构
设 计 师：佟亚荣
摄　　影：吴冰

[卿园手稿]

项目位于北京顺义中央别墅区，建筑风格为现
代简约式。考虑到园主喜好自然丰富的种植体验，
故花园风格定位为现代简约与自然式结合的花园。
通过对场地以及花园主心理需求的认知以及现场的
定位分析，设计师在这里规划设计出丰富的功能空
间，最终落成一座丰富的自在花园。

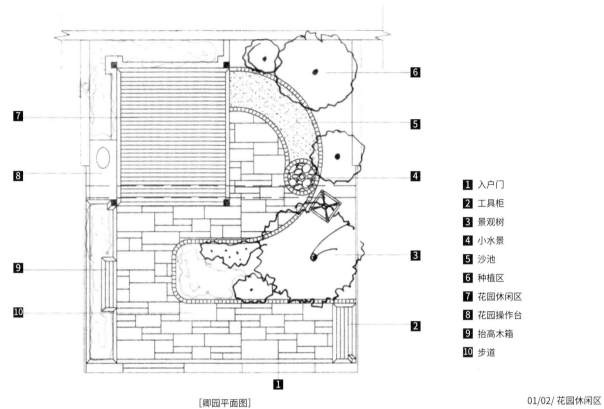

[卿园平面图]

1 入户门
2 工具柜
3 景观树
4 小水景
5 沙池
6 种植区
7 花园休闲区
8 花园操作台
9 抬高木箱
10 步道

01/02/ 花园休闲区

花园整体选用绿色调，为了不让花园显得沉闷，且有整体感和层次感，最终选择了浅绿色和墨绿色作为花园的附着色。围栏处及休闲棚架的顶部选用墨绿色，而近处人体接触到的部分则用浅绿色，这样的颜色搭配无形中扩展了花园空间，拉长了进深，同时使花园在冬季也能呈现绿意盎然的景象。

01/03/ 墨绿色的户外家具

02/ 被植物包围的工具柜

04/ 自然植物花境

05/ 盛开的月季花

06/ 鼠尾草

正对建筑门是一处丰富的自然式种植花境，丰富的、四季可观赏的花卉为花园带来持久美。花境中还布置了三组园艺小景，为花园增添活力。入户门右侧则是花园工具柜，用来收纳花园中日常使用的工具等。

　　花园围栏处是爬满藤本月季的花墙，园中主休闲区位于花园的东南侧，花园中的操作台满足日常洗手及户外用餐时操作的功能，边界处的绿植作休闲区的背景，以弱化较高的围墙对休闲区造成的压抑感。

01/ 俯瞰休闲棚

02/ 爬满藤本月季的花墙

03/ 盛开的月季花

　　休闲区右侧半圆形空间则是孩子的游戏区，涌泉水景和沙池陪伴孩子们度过宝贵的童年时光。丰富的植物作为背景环绕游戏区一周，其间更有园主喜欢的铁线莲制作的木质攀爬架，这也是花境中的焦点景观。

04/ 丰富的观赏花卉

05/ 大花葱

06/ 童趣涌泉小品

绿城玫瑰园

项目名称：绿城玫瑰园
项目地点：上海市
项目规模：600平方米
设计单位：上海沙纳景观设计有限公司
施工单位：上海沙纳景观设计有限公司
摄　　影：SARAH

　　独栋花园的优势在于可以"自成一派"，此花园的设计风格以"庄重气派"为主旨，集热带阔叶景观、东方禅意微景、欧式规整对景以及生态景观为一体，风格多变，气质不同，彼此相连又畅通。

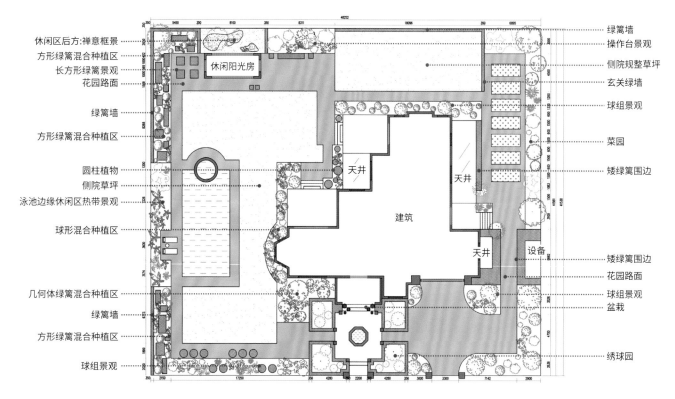

休闲区后方:禅意框景
方形绿篱混合种植区
长方形绿篱景观
花园路面

绿篱墙

方形绿篱混合种植区

圆柱植物
侧院草坪
泳池边缘休闲区热带景观

球形混合种植区

几何体绿篱混合种植区

绿篱墙

方形绿篱混合种植区

球组景观

绿篱墙
操作台景观
侧院规整草坪
玄关绿墙
球组景观

菜园

矮绿篱围边

矮绿篱围边
花园路面
球组景观
盆栽

绣球园

休闲阳光房

天井

天井

建筑

天井

设备

[绿城玫瑰园平面图]

01

02

　　车库两侧以大小球组植物进行装饰,变化中带着统一,一入园便可感受到花园的节奏感,同时以四季常绿的景观作为主景;而主入户区以中心水景为轴点向外发散,四周设计规整对称的绿篱围边绣球园,素雅的色调和饱满的花朵为花园带来第一抹生机和热情,而精心挑选的四棵晚樱分散于绣球园之中,设计师利用花卉的唯美将入园区的雅致氛围做足。

　　后院则以更加开阔大气的手法将原本的小汀步改造成线条利落的完整路径,方便行走。沿边的巧妙设计并未破坏花园草坪的完整性,同时围墙边缘的造型柱体植物处于种植区与道路之间,装饰围墙立面景观,营造硬景与软景相融合的自然氛围。

泳池边则以充满异域风情的热带阔叶植物景观为主，融入淋浴、户外 SPA、躺椅休闲区、泳池等功能，增强了此区域的实用性。立面采用独具摩洛哥风情的花砖装饰，体现出浓浓的异域风情。

原本的阳光房边上设计了球体景观和方块景观，它们仿佛从硬质地面冒出一般，带着惊喜和自然韵味。周边种植区则以大小不一的方块与自然花卉混合的形式打造，有别于一般混合种植，融入造型植物，保证了四季有景的状态。考虑到大片落地窗，阳光房后方被打造成东方禅意景观，偃然一幅自然的框画，"只可远观，而不可亵玩焉"。

01/02/ 庭院大草坪和泳池

03/ 泳池侧面

04/ 躺椅休闲区和装饰花砖

花园面积较大，在保留原有草坪的基础上，在侧院又设计了一片长方形草坪，仿若自然的地毯一般，一边是自然草坪，一边是规则的长方形草坪，相互对比，又互相呼应，形成花园干净的绿色背景。

01/ 泳池正面
02/ 泳池旁边的淋浴装置

高尔夫球场与狗舍利用高绿篱分隔，布局紧凑又互不影响，方便使用。设计师对原本的菜园进行了方块化处理，重新划分成相同大小的不同的种菜空间，还原花园的规整状态，菜园也成为了景观之一。

"自然"与"规整"的融合，"异域"与"庄严"的混搭，通过精心的设计和合理的布局，使花园淹没于花海，不仅显得利落，而且力求每一块空间都有景可赏，有美可寻。

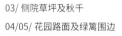

03/ 侧院草坪及秋千
04/05/ 花园路面及绿篱围边

01

怡庭

项目名称：怡庭
项目地点：上海市
项目规模：650平方米
设计单位：上海翡世景观设计咨询有限公司
摄　　影：潘山

项目坐落于上海西郊，面积约为650平方米。庭院原本的空间形态极不规则，因此从平面的布局出发，通过动线的梳理和视线的引导重塑空间是此次设计的首要任务。在此基础上，设计师希望营造出别具画面感和故事性的诗意空间，以画意造园，以"林泉之心"入园，让庭院成为一处亲近自然、返璞归真的小小洞天。

主体园林分为三个段落，空间序列由最初的碧海潮生、开门见山，到烟波致爽、泉水淅沥，直至庭院最深处的峰回路转、孤山远影，整体布局上山水相间，动静结合。

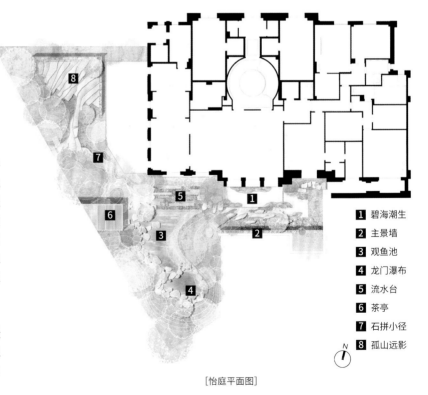

1 碧海潮生
2 主景墙
3 观鱼池
4 龙门瀑布
5 流水台
6 茶亭
7 石拼小径
8 孤山远影

N

[怡庭平面图]

碧海潮生

推开客厅的门窗，一幅泛起的卷石墙成为一处开门见山的意象。云纹铺装与草坪相互拼接、渗透而成的地面彷佛苍茫水面，风吹云过激起层层浪花，不断拍打着石岛。

01/ 碧海潮生全景

02/04/ 院落一角

03/ 石拼小径

透过窗从室内向外望，云奔潮涌，好似一幅"水何澹澹，山岛竦峙"的横幅画卷。庭院中石的坚挺与水的柔软在同一场景中融合，带给人丰富的感官体验与想象空间。

01/02/03/ 碧海潮生铺装细节
04/05/06/07/ 置石与山墙

01/ 山墙细节
02/ 庭院俯瞰
03/ 山墙全景
04/05/06/ 碧海潮生俯瞰与细节

01

02

03

烟波致爽

踏着翻涌的"石浪"铺装向内走，便到达庭院中心的观鱼池。这是一组日本传统园林中典型的水景——龙门瀑布，通过层级而下的组石营造视线和空间上的进退开合关系。一跃而下的瀑布与周围的植物组团共同形成灵动回环的特征，与石景的力量感形成对比。

水潭之上，木结构的茶亭在空间布局上有着起承转合的作用，一方面提供了观瀑布、闻水声的驻足点，另一方面也将视线引向小径深处。

04

01/ 茶亭
02/ 石拼小径
03/ 石墙细部
04/ 观鱼池
05/06/ 孤山远影
07/ 石材铺装细节

孤山远影

　　行至庭院最深处，漫步于曲折幽深的深山小径上，彷佛溪山行旅，到达一处更为私密、可以静思和遐想的"山外山"。山势在前景植物的框景与背景植物的衬托中若隐若现。为了营造整体效果，地面与山石侧壁采用统一的设计手法，模拟旱溪的碎石也采用同一色系，以达到浑然一体的效果。从选材到施工的过程中保留自然石本身的棱角与肌理，模拟自然中层峦叠嶂的意境，以达到"山形面面观、步步移"的景观效果。

　　石材之间缝隙的处理是此处的点睛之笔，每一条缝隙都必须经过仔细考量推敲，尽量模仿自然石缝的走势、宽窄、深浅。在较宽的缝隙处嵌以草皮、藤蔓，植物的点缀为山石注入了生气，也使得这一方人工打造的山墙石壁获得了深山的野趣与生命力。

春森阳光合院

项目名称：春森阳光合院
项目地址：四川省成都市
项目规模：30平方米
设计单位：成都乐梵缔境园艺有限公司
主案团队：杜佩娜、危聪宁、王琪、刘瑜
摄　　影：梵境摄影

　　春森阳光合院是滨江合院系列之三。这一次设计团队针对户型的特点，设计了这一处非常内敛、优美的禅意花园，从室内各个角度看过去，各处花园都像一幅幅宁静的山水画。

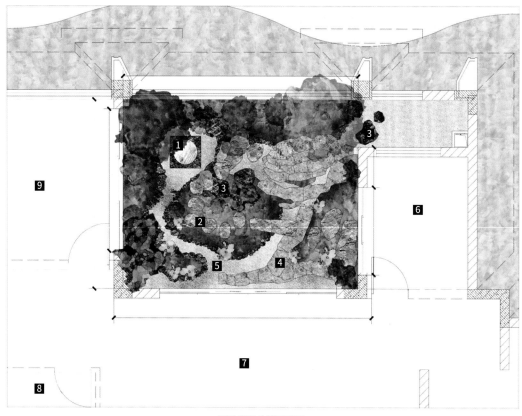

[春森阳光合院平面图]

1 水景
2 汀步
3 景石
4 条石汀步
5 砾石溪谷
6 厨房
7 客厅
8 卫生间
9 卧室

　　整个花园设计以观赏性的元素为主，营造出一种私密、高级、优雅的画面感。因为这个阳台只有一个面面向外部，有着非常好的私密性，可以最大程度地避免来自其他住户的干扰。而对内，因为阳台采用大面积的玻璃采光，通透性极好。设计师根据整个阳台的特点，决定在这方狭小空间里通过展示广阔天地、自然山水的意境，让人们结合眼前场景冥想，在头脑中形成一番天地，正所谓禅院禅思。

01/02/ 庭院整体效果
03/ 条石汀步
04/ 汀步与水景

05/ 水景
06/ 植物造景
07/ 景石

"泉眼无声惜细流，树阴照水爱晴柔。"涌泉水由下而上自然冒出，涌动的泉水缓缓浸润黑色砾石，灵动的水流营造活跃的氛围，为景观注入活力。

"小桥流水人家"，枯山水运用黑色砾石与植物搭配，虽然没有真实的水流，但能让人感受到小溪潺潺流淌的意境。

乔木种植需要一定的垄土高度，设计师别出心裁地利用这个高差，用黑山石表达大自然的山岛之意象。

　　苔藓形成了自然的山脉地形，上面点缀了品种丰富的植物，有优美的蕨类、苍劲的竹类、温暖的枫树、沉稳的观赏柏类和松类，还有偶然出现在视野中的点点小花。

在植物的选择上，设计师选取了一些独特的园艺品种，如蓝星水龙骨、鹿角蕨、展叶鸟巢蕨等，它们适合在半户外环境中生长，搭配自动浇灌系统，植物自由生长，省心省力。当所有的植物种植完成之后，花园已然大致成型，直到这时参与其中的每一个人再看这个禅意花园，俨然发现整个花园结合水、石、沙、植物等简单的自然元素，构建了一个微型的大自然，人们在一吸一呼、一吐一纳之间，感受自然的韵律。

01/ 从庭院看向厨房
02/03/04/ 条石汀步
05/06/07/ 植物造景
08/ 景观小品
09/10/ 景石与苔藓

山长水阔

项目名称：山长水阔
项目地址：上海市
项目规模：180平方米
设计单位：上海东町景观设计工程有限公司
摄　　影：陈铭

　　本案例位于上海市长宁区，业主的主要要求是简约不
失格调，置身花园中能享受宁静。整个花园以白色和灰色
为主基调，淡雅清新，富有禅意风格，注重与大自然融合，
装修的材料多以自然界的原材料为主。

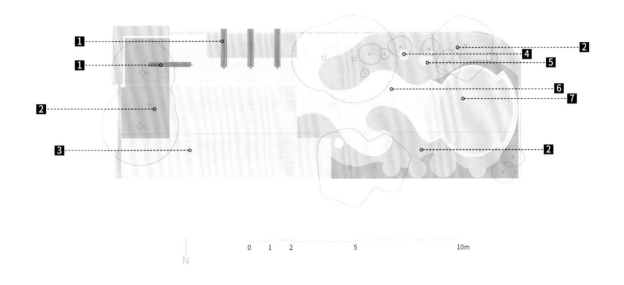

[山水长阔平面图]

1 流水景墙　2 植物造景　3 硬质铺装　4 庭院灯　5 惊鹿小品　6 水洗石造型铺装　7 下沉木平台

进花园的第一眼便是一幅隽永的水墨画，有种杨万里"泉眼无声惜细流，树阴照水爱晴柔"的意境。

01/ 庭院整体效果
02/03/ 流水景墙
04/ 流水景墙夜景

这次案例中的禅意景观，带着些许现代风格的特色，多处采用了硬朗的直线条，而抛弃了原有的曲线条以及精细、精美的雕刻工艺，在色彩的选择上也采用了比较沉稳的颜色，让整个空间看上去显得更加内敛，充满了历史与文化的气息。

没有复杂造型，没有绚丽色彩，有的是木头的温软、水洗石的粗糙、潺潺流水的清爽。

禅意的水景不同于一些气势恢宏的喷泉，这个小水景更加低调内敛，水池周边采用了无边水池的做法，静静的，润物无声，任世间繁华，我独自逍遥。

照明设计表现了池底的材质，底部的肌理被安装在接近池底的灯具映射出来。

花园没有过多的装饰，不论是从设计成本还是期望营造的自然感出发，这样简单舒适的空间，让屋主可以逃离喧嚣拥挤的上海，享受属于自己的一份宁静惬意。

下沉式平台通过人工方式处理高差和造景，形成视觉上的凹凸感，丰富了庭院空间层次的同时又增添了园林设计中曲径通幽的意趣，使庭院生活更具私密性。

01/02/04/05/ 流水景墙夜景

03/ 木制储物柜

06/ 水洗石造型铺装和下沉木平台

设计师用草坪代替青苔营造禅意氛围，因为业主家的院子是在南面，种植青苔会变黄，长不好。设计师用水洗石代替了砂砾，中间镶嵌石材，并用铜条收边模拟水的波纹。水洗石里加入发光体，夜晚看起来有星河的感觉。

01/02/03/04/05/07/08/09/10/ 水洗石造型铺装

06/ 惊鹿小品和庭院灯

美林湖

项目名称：美林湖
项目地点：江苏省常州市
项目规模：75 平方米
设计单位：悠境景观设计工程（常州）有限公司
施工单位：悠境景观设计工程（常州）有限公司
设 计 师：徐昊
植物配合：序言
摄　　影：徐昊

　　当庭院遇上日式宁静，静待流云与霞光，感悟晨昏浮光掠影，庭院之中，四季美好，人间值得。庄子说："朴素而天下莫能与之争美。"原来朴素最有力量。在常州，有这样一处独特的存在，房子摆脱了厚重的色彩，换以深灰与浅灰相配的建筑立面，疏密有致的绿植搭配自然、清新、雅致，让人忍不住想走近它，亲近它。

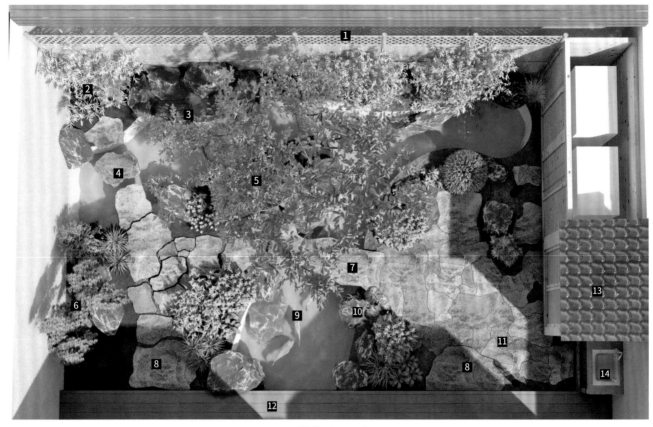

[美林湖总平面图]

1 竹篱笆	**3** 跌水	**5** 百年黄杨	**7** 定制石桥	**9** 锦鲤鱼池	**11** 定制石板	**13** 设备间
2 紫藤桩	**4** 特选汀步石	**6** 黄山松	**8** 精选踏步石	**10** 精选置石	**12** 木甲板	**14** 洗手池

　　院子作为住宅的延伸，设计师以观赏休闲为中心理念展开设计，将庭院分为入户区、观赏区与休闲区。庭院与住宅之间以木平台连接，木平台供业主驻足赏景。庭院右侧，通过踏步石，园主可以自由地进入院子的主要活动区。活动区的定制石材构成铺装，单块石材与石材间紧密连接，同时平台四周用矾根、穗花牡荆等植物造景，营造隐逸之美。

人从桥上过，左侧区域是庭院的主要景观区，地面由石板铺装而成，同时借由假山水景制造灵动感，游走其中可以感受到灵魂脱离庸常得以升华。山石错落堆叠成山，加上水的灵动和花草树木的点缀陪衬，整个庭院显得自然又有活力。赏景、观水，身处此院，此刻即便身处闹市，也感觉心已远离尘嚣。

01/ 庭院主要活动区
02/ 老石板
03/ 定制石桥
04/ 锦鲤鱼池
05/ 观赏桃树
06/ 日本五针松

庭院中的花草树木是鲜活的动景。花木之中，最精妙的则属盆景了。主人钟爱的盆景被置于庭院之中，端详细品，赋以名目点题，或表意境，或参名景，或附古意，诗意画境、主人襟怀，得见于方寸之间。

灵气小景虽由人所设计，但取之自然、具有灵魂。一个小小的角落，悉心雕琢一番，便有了一隅禅意。在植物的分层布局上，设计师以黄杨树为核心，围绕每棵树的位置和造型铺陈园子的高低层次和留白空间，借助丛生、灌木、低植、盆栽等不同植物形态，柔化庭院，丰富其多样性。

01/02/03/04/ 精妙盆景

05/06/ 灵气小景

07/08/09/ 鱼池夜景

　　夜幕降临，收起白日的喧嚣与斑斓，傍晚时分的院子是个静谧的幻象。隐蔽台阶处随处摆几盆花草，让人在不经意间发现随处可见的美好。花园里，到处都有预留的夜灯、水管、盆栽，它们被遮挡得恰到好处。

合景·花都木莲庄酒店客房禅意庭院

项目名称：合景·花都木莲庄酒店客房禅意庭院
项目地点：广东省广州市
项目规模：景观面积2 727平方米
设计公司：上海仓永景观设计有限公司
摄　　影：上海仓永景观设计有限公司

　　空间理解——注重空间层次，景色参透，运用山石、水钵、植物造景，通过空间大小、开合、明暗、高低、疏密的对比，创造出丰富的艺术效果。

　　灵感元素——提取具有新日式代表意义的元素，如枯山水、水钵、石灯。

　　景观风格——现代、知性、新日式。

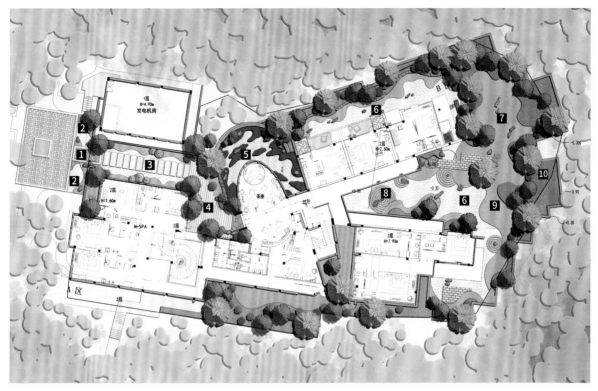

[合景·花都木莲庄酒店客房禅意庭院平面图]

1 入口铺装   **3** 石板铺装   **5** 日式景观   **7** 日式水钵   **9** 地被杜鹃

2 入口景观   **4** 日式水钵   **6** 芝麻灰砂石   **8** 景石   **10** 灌木

01/ 日式禅意庭院

02/03/ 置石组合

04/05/ 庭园一角

01/ 日式禅意庭院

02/ 俯瞰庭院

03/04/ 植物组合

05/06/08/09/SPA 楼前迎客石

07/ 白色砂石

　　褐色的大石展示着自然的色彩，与楼前的窗屏格栅颜色相得益彰。因势而生的绿树因大石的衬托而显得富有生机。路转景移，互相烘托，既可收景，又顺势引导客人右拐进入客房。

塑园

项目名称：塑园
项目地点：浙江省余姚市
项目规模：280平方米
设计单位：上海庭匠实业有限公司
施工单位：上海庭匠实业有限公司
摄　　影：林涛

　　庭院周围用木板隔离了起来，隔断了外面的喧嚣和繁华，让人把注意力都集中在院子里的植物上，观"一花一世界"，赏"一池一境界"，于此重塑赏园者的心性。

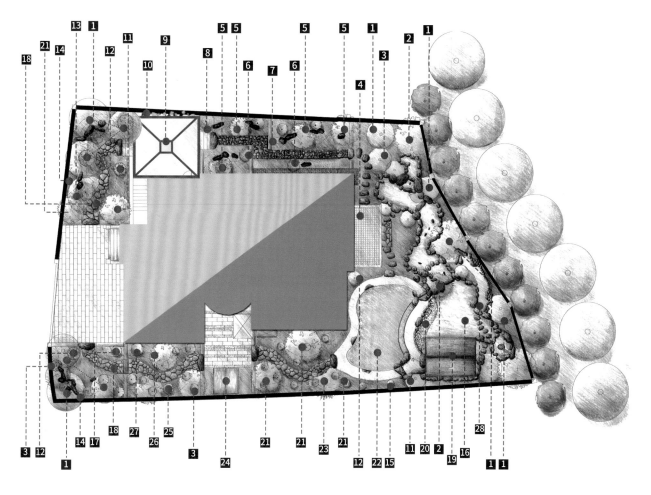

[塑园平面图]

1 枫树	2 罗汉松	3 茶花	4 冰裂纹平台	5 海棠	6 小红枫	7 溪石铺贴园路
8 绣球	9 阳光房	10 植物墙	11 桂花树	12 结香	13 榉树	14 毛鹃
15 黑松	16 锦鲤池	17 紫鹃	18 冰裂纹园路	19 茶亭	20 浅滩	21 多杆紫薇
22 草坪	23 香樟树	24 狗舍	25 南天竹	26 木绣球	27 牡丹花	28 水洗石园路

01/ 龙门瀑布

02/ 茶亭

03/ 冰裂纹铺装园路

04/05/ 植物墙

06/ 阳光房

　　这是一个回游式的庭院。花园入口分为东西两面两个入口，东面入口有一处小空间，设计师做了小面积的冰裂纹铺装园路。小起伏的地形，再配以榉树、红枫、桂花树、毛娟和青苔，营造出一个鸟语花香的自然空间。再进来是一个连接房子和后花园的阳光房，靠近围墙的一面是用水洗石为基础，搭配蕨草等小爬藤植物的植物墙，打造出一处惬意的用餐、会客环境。

03

04

05

06

　　从阳光房沿台阶下来，沿缝隙里长满青苔的溪石园路走向后花园。后花园主要是以瀑布、溪流、锦鲤池和茶亭组成的一处自然休闲空间。瀑布设计在东南角，东南位置在中国传统文化中是财位，而水又寓意财，带来美观的同时，还有很好的吉祥寓意。瀑布在红枫的半遮挡下，若隐若现，下面的溪流富有自然野趣，令人仿佛置身自然山间。

01/02/ 茶亭与锦鲤池

03/07/08/11/ 溪流

04/05/09/10/ 锦鲤池

06/ 瀑布

12/ 水洗石园路

13/14/15/16/17/ 景观石与植物造景

01/02/03/ 罗汉松与草坪

04/ 茶亭

05/06/ 入园小门

　　花园出口是一个半圆冰裂纹平台。冰裂纹的肌理可以使人联想到乡间、荒野，具有朴素自然的感觉。再过来是一块小草坪，水洗石园路绕着它半圈，另外一半靠近溪流和锦鲤池，做了汀步路，用来连接溪流和鱼池，边上还配有一张圆弧形的木凳子，搭配几颗吴风草，在斜阳的照射下，仿佛回到以前美好的校园时代。

　　院子的西门入口用茶花做了绿篱，不但有很好的隐秘性，还可以欣赏灿烂的花季。西面是一条林荫小道，冰裂纹的铺装自然朴实。园路两旁配有毛娟花，点缀了牡丹、十大功劳、结香和木绣球等。

07/ 林荫小道

08/09/ 溪石铺贴园路

10/ 景观置石

11/ 蕨草

01

施家花园

项目名称：施家花园
项目地点：上海市
项目规模：1 005平方米
设计单位：上海庭匠实业有限公司
施工单位：上海庭匠实业有限公司
摄　　影：林涛

　　庭院设计以自然山水为主导，尽量减少人工的痕迹，运用"师法自然"的手法，构架山水之园，彰显天趣。

02

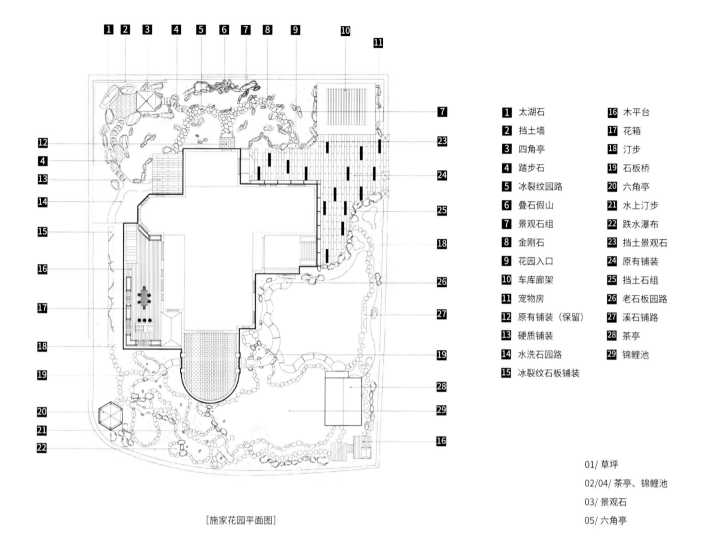

1 太湖石	**16** 木平台
2 挡土墙	**17** 花箱
3 四角亭	**18** 汀步
4 踏步石	**19** 石板桥
5 冰裂纹园路	**20** 六角亭
6 叠石假山	**21** 水上汀步
7 景观石组	**22** 跌水瀑布
8 金刚石	**23** 挡土景观石
9 花园入口	**24** 原有铺装
10 车库廊架	**25** 挡土石组
11 宠物房	**26** 老石板园路
12 原有铺装（保留）	**27** 溪石铺路
13 硬质铺装	**28** 茶亭
14 水洗石园路	**29** 锦鲤池
15 冰裂纹石板铺装	

[施家花园平面图]

01/ 草坪
02/04/ 茶亭、锦鲤池
03/ 景观石
05/ 六角亭

花园主要分为南北两面设计布局，其中以南面为设计重点。花园入口在东面，以金刚石作为台阶，配合几颗枫树，营造自然"入口"，再上来为开阔的草坪，边上的动线连接茶亭、住宅大门口和客厅花园入口。

茶亭依锦鲤池而建，隔池和"山"遥望。山上设有歇山方亭，水自亭下鱼池顺"山"涧似溪流而下至锦鲤池。"山"脚下石头嶙峋，小桥流水贯穿其中，于"山"上，透过松影间，茶亭若隐若现，倒映在锦鲤池里，构成一幅诗意画卷。

北面运用了更多的中国传统园林元素。幽静的小路旁有高挺的云松和造型丰富的太湖石，它们和四角亭的搭配是天作之合。

茶亭的后面是一条狭窄的园路，仅可一人通过。尽量隐藏它的存在而又让它有存在的必要，是为了让游园者把更多的注意力集中于茶亭之中。于茶亭里举目眺望，对面层峦叠嶂，黑松曲直有力，枫树随风摇曳。在移步换景之中，锦鲤池岸边飘逸的黑松的迎客姿态是吸引眼球的焦点。穿过茶室，经过一个樱花树下的活动健身小平台，踏过布满青苔的池边汀步路即可到达彼岸。

01/04/05/ 茶亭   07/08/09/10/ 园路

02/03/ 草坪   11/12/13/ 景观石

06/ 锦鲤池   14/ 宫灯

15/ 假山叠石与六角亭

"山顶"的六角亭只见其冠不见其身,芭蕉也时不时地在疏影间探头探脑。山下的石头嶙峋,锦鲤池边露出潺潺的溪流。

01/ 假山叠石与六角亭

02/ 跌水瀑布

03/04/ 假山叠石

05/12/ 山顶若隐若现的六角亭

06/07/ 景观石组

站在黑松下，潺潺流水声成了你听觉的向导，这是龙门瀑布在"山涧"飞驰而下，流水的冲击声引来了锦鲤的狂欢。踏过水中汀步路，沿台阶上"山"，坡上绿黄交错的苔藓还原了山的本色。山上亦有一泉喷涌而出，平整的石板桥蜿蜒至六角亭。此刻回望茶亭也不得全景，在叶缝之间能得概貌，如山远之处而立。

　　从六角亭踏步而下，右转可通往院口，门前是平整的大理石铺装平台，也可通往前面的草坪和茶室。左边则经过一片狭长的菜地，到达一个以"四角亭"为主角，以太湖石、枫树、杜松、青砖铺贴和白沙为元素的枯景一角。

08/09/ 雪景中的六角亭

10/13/ 溪流

11/14/17/ 水上汀步

15/16/ 雪景中的四角亭

01

正昌园

项目名称：正昌园
项目地点：上海市
项目规模：2 150平方米
设计单位：上海庭匠实业有限公司
施工单位：上海庭匠实业有限公司
摄　　影：林涛

02

　　这是一个池泉回游式庭园，运用自然风景式造园手法来实现，主体表现元素为茶亭、瀑布、溪流、锦鲤池、假山、凉亭和草坪。园路的工艺表现有冰裂纹、灰石子、鹅卵石、老石条和山刨石汀步。设计师利用现场的客观环境，通过对人工与自然、大与小、虚与实、藏与露等一系列对立与统一体的研究，经过对各种景物的取舍加工，高度概括地再现典型且抽象的自然山水的本质特征，从性质和数量上确定了以有限的部分来表现出整体的效果。

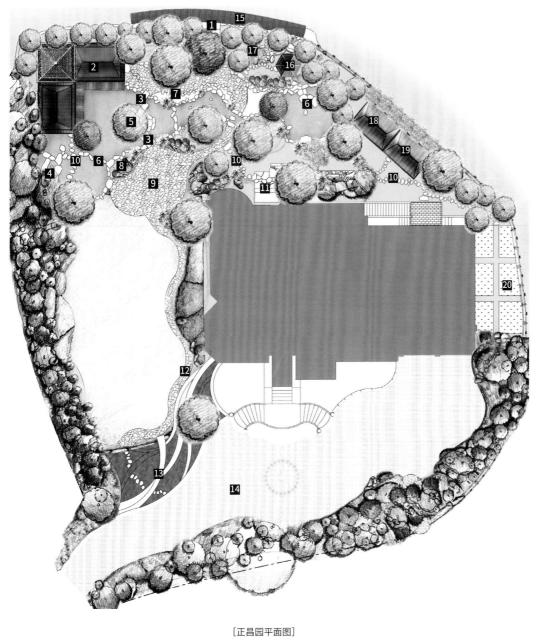

1	宠物房
2	茶亭
3	溪石铺装
4	挡土置石
5	湖心岛
6	鱼池置石
7	水洗石园路台阶
8	三生瀑布
9	铺装平台
10	汀步
11	冰裂纹铺装
12	水洗石园路
13	景观石墙组合
14	硬质铺装
15	木栈道
16	牡丹亭
17	龙门瀑布
18	玻璃房
19	设备房
20	菜地

[正昌园平面图]

01/ 牡丹亭与锦鲤池
02/ 龙门瀑布
03/ 前院地形驳岸
04/05/ 驳岸与植物造景

　　花园面积很大，在入户的南面，考虑业主停车的需求，用大理石进行了大面积的工字铺装，保持路面的平整大气。因为地势的原因，铺装的边上做了地形处理，采用金刚石驳岸，用于挡土的同时也增加了观赏性；再点缀一些吴风草、蕨草等小植物，在桂花和珊瑚绿篱的背景下，花园更显精致美观。

01/02/ 草坪上的休闲一角

    花园的正式入口在房子的西南面，设计师用毛石弧形挡墙的设计处理地势的落差，交错的线条感还起视觉的导向作用。左右两边高大的樱花和水杉，增添了入口的气势。汀步路到冰裂纹园路的转接是点线面的经典处理手法。冰裂纹园路的拐弯处，种植了一颗大型的盆栽山楂树，下面是层次错落有致的花境，其在春天是让人惊艳的一角。大面积的草坪是小朋友嬉闹的空间，摇椅的布置为大人陪伴小朋友增加了乐趣。

01/02/ 草坪上的休闲一角

03/ 冰裂纹园路

04/05/06/07/ 景观石墙组合

08/09/ 龙门瀑布

10/ 锦鲤池上的红枫组景

11/ 茶亭

12/ 景观置石与植物造景

13/ 龟岛与黑松

　　花园的北面是设计的重心。在东北和西北分别有三生瀑布和龙门瀑布，通过溪流汇合于茶亭前的锦鲤池。三生瀑布是整个水系的源头，所以把它藏在"山"上。近处龟岛上飘逸的黑松是吸引眼球的主角，欢乐的锦鲤在它下面的石板桥里来回穿梭；耳边是远处的涓涓细流声和龙门瀑布的流水声。

01

山顶处设牡丹亭，可观望整个花园全貌，河面清风徐来，亭下水声潺潺，仿佛置身于山涧。于茶亭里远眺，牡丹亭在树影之间若隐若现。

01/ 牡丹亭与锦鲤池　　03/ 从草坪眺望石板桥　　05/ 冰裂纹园路　　07/ 山剖石台阶与毛鹃花　　09/ 雨水沟微景观

02/ 景观石组　　04/ 石板桥与扶手石　　06/ 汀步　　08/ 鹅卵石园路铺装工艺　　10/ 小石子铺贴园路

01

阅园

项目名称：阅园
项目地点：贵州省贵阳市
项目规模：1 300平方米
设计单位：上海庭匠实业有限公司
施工单位：上海庭匠实业有限公司
摄　　影：林涛

　　本案采用中国古典园林的基本理念，结合自然石材与鱼池，创作自然，借景寓情，把建筑、山水、植物、小品有机地融合为一体；讲究"以小见大"，在有限的空间里表现无限的自然美；注重写意，空间上讲究"开与合，明与暗"，营造不同的感观体验。

02

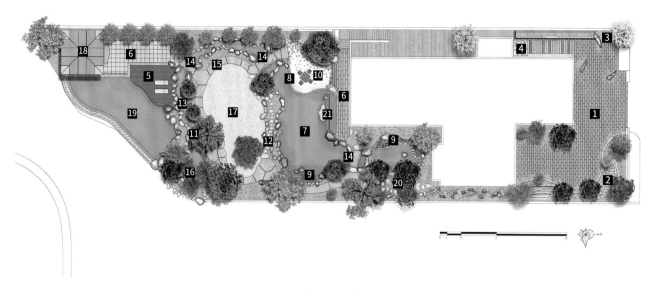

[阅园平面图]

1 入户铺装　　2 禅意景观　　3 迎石　　4 冰裂纹铺装　　5 木平台　　6 硬质铺装　　7 锦鲤池

8 弧形挡土墙　9 浅滩　　10 休闲平台　11 三生瀑布　12 汀步　　13 溪流　　14 石板桥

15 园路　　16 众生瀑布　17 草坪　　18 茶亭　　19 游泳池　20 龙门瀑布　21 亲水平台

01/02/ 龙门瀑布造景
03/ 石板桥上的黑松
04/ 罗汉松与休闲平台
05/06/07/ 弧形毛石挡墙

　　山水是本园设计的主旨。别墅的入户区采用自然的石材铺装，给人以舒服、干净的入户感受。人行入口旁边放置"迎石"，有出入平安和归来的寓意。前园采用不同的铺装形式，用镶嵌的方式来表达从规整到自然的过渡，象征虽居于城市犹可见自然之貌的心境。后园的别墅入口处均设计木平台与铺装相接，铺装与园路相连，贯穿整个园中，形成回游式庭园。

03

04

05

06

07

建筑一侧以龙门瀑布为景，形成独特窗景的同时给室内增添自然的气氛。房屋以铺装和鱼池相呼应，于此处听水声潺潺，看游鱼嬉戏，望瀑布流水，如步入山林。

跨过蜿蜒的溪流，豁然开朗，来到开阔的草坪景观区，逸山逸水，亦动亦静。沿着园路前行可至对面的茶亭和观景木平台，此处既和园中相连，又与园外相接，置此处不仅可以享受静谧的品茶空间，还可以欣赏到园外的另一番景色。此处利用有限的空间与周边的环境，展示出园中一幅山水画，借用园外的景观与园中的景色相间，形成无限的空间，正所谓因势造景。植物和地形的搭配使庭园呈环抱围合之势，一是让宅主感觉平稳、舒适和具有私密性；二是在风水上可藏风聚气；三是开与合的空间具有开朗和幽静的感觉。

茶室以木平台游泳池围合，提供休闲娱乐的空间，在忙累的工作之余给人回归于自然、放松心情的时刻。此处借外部的景，开阔视野，使庭院看起来更加广阔。

01/02/04/ 龙门瀑布造景　　06/ 草坪与泳池

03/ 红枫下的台阶路　　　　07/ 泳池与茶室

05/ 园路的三岔口工艺处理　08/ 茶室

此处以三尊石组为骨，周边植物为翼，丰富了入户的景观，整体构成安静、和谐的画面。从远处的自然渐变到近处的规整，显示了自然与现代的美。

效仿自然山水的形成，运用堆砌置石的手法，让驳岸更有层次。

09/10/ 众生瀑布造景　　12/13/14/16/17/18/ 汀步与置石

11/ 橄榄树　　15/ 南天竹与驳岸石

桥是庭院景色的重要元素，是视线前进的重点，是景色和心境的象征。石板桥扶手石再配以蕨类植物的点缀，更显自然。

在造园当中，溪流一般随瀑布而生。水自瀑布而下，先到达水浅流急之处的"急滩"，之后是缓和一些的"中流"，最后经平稳的弯道平流入鱼池，边上配以水生植物使其造法自然。其效仿自然界浅滩的景观因素，插入驳岸处理的手法，效果出于自然而又胜于自然。

形状各异的山石错落搭配的组合，拥绕着平静而深远的水面，组合出一种自然而柔美的水岸线，浅滩的处理让水岸的呈现产生变化，使其不再单一的同时，又能更加亲近庭院。

植栽是根据庭园的已有框架添加东西，用来装饰、补充现有的场景。设计师根据庭园的整体氛围进行种植，比如树木要与石头、山的形状、水池等元素相互融合，营造出平衡的生态体系，根据其关系来决定种植的场所和树木的高低、枝叶形态等，尊重树木的个性就是聆听树木的"木心"，以现有的姿态引出其最大的优点。

01/02/03/04/ 石板桥与溪流	07/ 亲水平台	17/ 龙门瀑布顶上的溪流近景
05/ 锦鲤池边的驳岸	08/09/10/11/12/13/ 植物墙	19/ 水洗石铺装和汀步的过渡
06/ 泳池和三生瀑布	14/15/16/18/20/21/ 山顶台阶路	22/ 人工和自然石材的碰撞

富春山居

项目名称：富春山居
项目地址：浙江省杭州市
项目规模：428 平方米
设计公司：杭州草月流建筑景观设计有限公司
摄　　影：郭云鹏

　　以前这个园子杂乱无章、过于拥挤，整体显得阴暗且无序，所以设计师在保留锦鲤池的情况下对园子进行了改造，使园子整体看上去明亮、干净、整洁，希望这个园子能使它的主人的退休生活悠闲自得且充满乐趣。

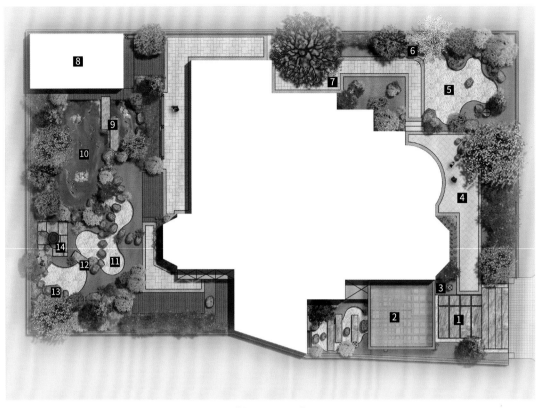

[富春山居平面图]

1 车行入口　　2 步幽亭　　3 石灯笼　　4 入户平台　　5 寿龟湾　　6 点翠园　　7 小径

8 见意轩　　9 石板栈桥　　10 伴蛙塘　　11 步莲流　　12 石桥　　13 雾松岭　　14 梅见台

入口区域原来是个以停车为主的停车区，后来停车的功能减弱之后，只是偶尔会停一下车，故设计师将其改造成一个停车跟观赏功能相结合的区域。

花园周边一圈用了风格相同的竹篱笆来围合，做出整个边界，让整个花园能够成为一个整体。整体的这个区域的改造从美学上来讲，我们希望其既有这种平衡感，又有整体统一感，但是又要有一些变化在里面。

点翠园的地面以青苔为主，绿化就以点缀方式来布置，中间的留白用砂石来铺，这样植物就是一组一组地点缀在里面。

01/ 车行入口
02/ 地面铺装
03/ 汀步
04/07/ 点翠园
05/06/08/ 寿龟湾

整个花园的核心区域是鱼池边的这片花园，设计结合原有未被改动的鱼池，鱼池的边界设计强调与整体空间平衡。

花园的几何构图由曲线和直线两种元素构成，中间区域的鱼池和旱溪枯山水以曲线为主，以它们为中心，边上绿色填充线的地方则以直线构图，相互之间取得一种平衡。

01/08/ 雾松岭	04/05/06/ 伴蛙塘
02/ 见意轩	07/ 石桥
03/ 步莲流	09/ 旱溪枯山水

金山湖私人会所

项目名称：金山湖私人会所
项目地点：广东省惠州市
项目规模：220平方米
设计单位：广东木客景观设计有限公司
摄　　影：号外传媒

一、设计原则：以人为本

（1）人是庭院的使用者，因此要首先考虑使用者的要求，必须坚持人居环境的舒适性原则，做好总体的布局，在有限的空间创造出符合使用者需求的环境，为使用者提供可赏、可憩又易于沟通的景观庭院。

（2）优美的绿化能培养人们健康向上的审美情趣，使人们在生活中感受到生命的激昂和丰富多彩，给观赏者留下终生难忘的印象。

（3）要符合人们的审美要求，既要注重整体规划，又要注意局部景观的艺术魅力，满足功能需求。

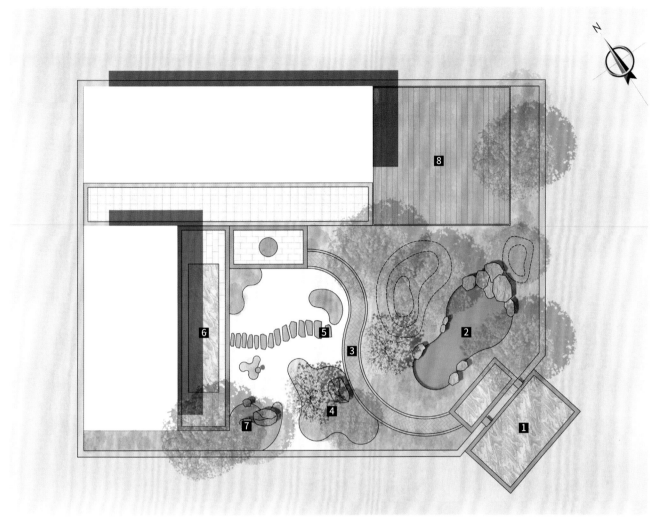

[金山湖私人会所平面图]

1 庭院入口　**2** 叠水迎宾　**3** 静瑟曲径　**4** 语幽林

5 汀步　**6** 烟雨台　**7** 绿影风石　**8** 花榕台

二、设计的主导思想

（1）绿化设计的主导思想以简洁、大方、美化环境为原则，使绿化和建筑相互融合，相辅相成。

（2）主要以造型罗汉松造景，常绿树种作为"背景"。

（3）用富有特色的花灌木和草本类花卉加以点缀，实现四季有花。

（4）种植植物必须着眼于长期，在形成良好的庭院景观的同时，应考虑方便今后的养护管理；在节省经费，美化环境方面，要有其突出的优点，争取以少的投入，获得最佳效果。

01/ 烟雨台

02/ 叠水迎宾

03/ 水汽弥漫

三、植物设计：在整体环境景观构建上有着极其重要的地位

（1）乔木的应用：主要以造型罗汉松进行造景，配以常绿乔木，其主干单一且明显，同时配以花色美丽的观花树种。景观设计必须综合考虑树形的高矮、树冠的冠幅、枝干粗细、开花季节、色彩变化等因素。

（2）灌木的应用：灌木树形低矮，基部易分枝成多数枝干，树冠变化较大。

（3）观叶植物的应用：对于观叶植物，主要是观赏其美丽的叶形、叶色，在造园应用上，必须选择有适当光照的地点栽植，使其生长繁茂、叶形美观。

（4）攀缘植物的应用：利用一切空间，采用多种形式扩大绿化量。在庭院围墙上打造垂直绿化，丰富景观层次。

01/ 通往烟雨台的汀步

02/05/ 烟雨台前的桌椅

03/ 烟雨台

04/ 从叠水迎宾望向烟雨台

四、植物的配置说明： 配置坚持功能性、艺术性、生态性、经济性的统一，突出植物的景观营造和生态效益

（1）因地制宜，适地适树。
（2）层次丰富，群落搭配。
（3）季相转换，枝叶花果，四季常绿，四季有花。
（4）营造意境，提升品质。
（5）设置基调树种。

01/02/03/04/05/ 景观石和苔藓
06/07/08/ 绿影风石

太湖院子

项目名称：太湖院子
项目地点：江苏省常州市
项目规模：90 平方米
设计单位：悠境景观设计工程（常州）有限公司
施工单位：悠境景观设计工程（常州）有限公司
设 计 师：王国库
植物配合：序言
摄　　影：石俊

　　本项目引入光影变幻，融入人文气息于都市；筑造一座新中式庭院，收纳四时之景，洗尽浮华之气，书写雅韵诗意。如果说围墙是阻隔外界喧嚣的屏障，那花园就似一面柔光罩，温润、丰富的层次空间环绕着立体、多样的植物装饰，与建筑相辉映，让人踏入便心感舒适。

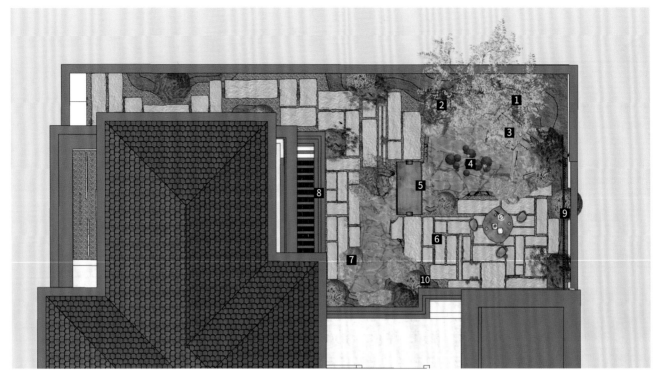

［太湖院子平面图］

1	紫薇	6	老石板
2	羽毛枫	7	精选置石
3	跌水	8	木甲板
4	锦鲤鱼池	9	格栅绿植墙
5	铜镀边石桥	10	黑松

　　本案延续古典精髓，整体色调以灰色、木色为主，布局规则，加入中式元素，通过景观元素的组合，形成雅致、幽静的整体氛围。

　　入口景观与室内餐区相连，扩大室内使用面积的同时，引景入室。同时构设户外餐区，这一元素的应用也形成了家庭户外聚会娱乐的区域。有了舒适的落脚点，风景才成为风景。

01/ 庭院一隅　　03/ 老石板
02/ 锦鲤鱼池　　04/ 铜镀边石桥

01

　　通往庭院的另一侧路径上铺装的老石板由设计师精挑细选，进行编号排布。老石板的粗犷质朴与新材料的现代简明产生新老对话与冲击，既保留了中式庭院古朴的气息，又能满足新的使用功能，符合现代的生活方式。同时，铜镀边石桥的设计为曲径通幽的路径营造变化，增加游园的趣味性。涌泉、锦鲤鱼池等水系景观亦为庭院增加灵动感。观流水映花，瞰山石叠水，鱼儿自由游于水中，任身心游走于天地之间。

连接客厅的另一处休闲区也是特别的存在。一席茶桌、两张摇椅……，这里是品茶论道、望风月的好去处。坐于此处，视线尽头便是木格珊景墙，攀爬墙面的藤本植物柔化了建筑。远处的紫薇树是庭院的灵魂，其树姿优美，树形飘逸，树枝自由绵延，伸展于水面之上，美了整个院子，令人不由得心生欢喜。

01/ 庭院水景

02/ 客厅一角

03/04/ 品茶论道休闲区夜景

05/ 一席茶桌

在植物的分层布局上，围绕树的位置和造型来铺陈院子的高低层次和留白空间，借助丛生、灌木、低植等不同植物形态，来丰富其多样性。紫薇、黑松、羽毛枫……疏密有致的绿植搭配，自然、清新、雅致，让人忍不住想走近它们。

从朝阳初升到夕阳西落，光线的变化将花园打造成处处皆景的会客厅。完善的庭院照明系统，让花园在华灯初上时又是另一番景象。晨、午、昏、夜，不同的时刻都有不同的风景在这里流动变幻着。慢下来，你会发现每一刻的曼妙与美好。静守一处庭院，轻拥淡淡的美好，与红尘相安，与家人相安。花园之美不仅是花园本身，更是因为这里有真诚而温暖的生活，有世间最美、最深刻的爱。设计师说，"花园的魅力就在于，实景永远大于设计。我们的设计一定是追求现实的完美，而并非纸上谈兵。"

01/ 错落有致的植物分布
02/ 石桥与植物相得益彰

03/ 一尾锦鲤   06/ 景观灯

04/ 小蜡   07/ 老石板路

05/ 黑松

枯山水庭院的重生——YIJU HOME

项目名称：枯山水庭院的重生——YIJU HOME
项目地点：浙江省杭州市
项目规模：100平方米
设计单位：一桔设计
摄　　影：薛成义

　　这是一个多元化功能的庭院，出于对中式园林、日式园林及中日文化的浓厚兴趣，设计团队决定用中式园林与日式园林相融合的方式来设计庭院。业主希望将这个庭院打造成期望中的梦想家园，庭院除了满足日常活动的舒适性外，还希望能有极致的禅意空间，同时保证在视觉上的冲击力。

01/ 庭院视觉中心
02/ 赏石区

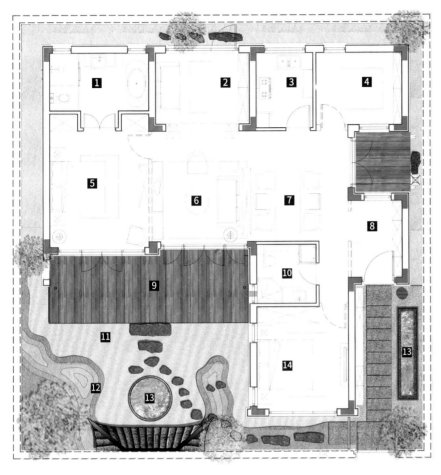

1 卫生间

2 书房

3 厨房

4 儿童活动室

5 主卧

6 客厅

7 餐厅

8 玄关

9 檐廊

10 卫生间

11 枯山水庭院

12 赏石

13 矩形泉

14 次卧

03/04/05 精选踏步石

[枯山水庭院的重生——YIJU HOME 平面图]

以往枯山水庭院大多停留在观赏的层面，然而人的需求是生活化，在观赏的同时还要满足生活的功能。所以100平方米的院子包含廊道、砂、石、泉、亭等部分，设计师在紧凑的条件下尽量实现观赏性和生活性。不同于传统枯山水的只可远观，这里更希望人能够走进枯山水，近距离体验枯山水带来的独有景观。

01/02/03/04/ 矩形泉

05/ 苔藓造景

06/ 茶室

07/ 从房间内往庭院看

08/09/ 夜幕下的禅意圆形泉池

10/ 精选汀步石

"横看成岭侧成峰，远近高低各不同"，观赏枯山水的视点也直接影响到观赏效果。一般来说，观赏者要脱离枯山水，在建筑物内观赏。在走廊可以最近距离地观赏枯山水，从房间中向外看也别有一番意趣，房间将庭园分隔开，风景宛如被嵌入画框之中。

整个庭院围绕中心轴线展开，亭、泉、石、廊贯穿整个轴线。亭是中式园林中最为传统的建筑，庭院将亭作为整个景观的背景。泉，有生命、丰穰、清静之意，有了水，庭院因此润泽生辉。如何使亭、泉的中式元素融合到枯山水景观中，让它们既融合又不矛盾，随季节流转而变幻，赋予庭院四时不同的美景，是这次设计最需要研究的问题。

01/ 檐廊
02/ 圆形泉池
03/04/ 精选汀步石
05/06/07/08 矩形泉池
09/10/ 汀步细节
11/14 屋檐
12/ 植物造景
13/ 庭院一隅

　　设计希望借助这种中式与传统日式设计的融合，使中式园林与枯山水无缝衔接，营造出一种生活与时尚并存的感觉，既能反映枯山水的美学特性，又能符合人的活动和舒适性要求，同时引导人与景观进行深刻而有意义的对话，在意境中感悟枯山水的世界。

288